職場不NG

除了裝傻，還得裝明白

永續圖書線上購物網
讀品文化事業有限公司

www.foreverbooks.com.tw
yungjiuh@ms45.hinet.net

思想系列 72

職場不NG：除了裝傻，還得裝明白

編　　著　彭少軒
出 版 者　讀品文化事業有限公司
責任編輯　林秀如
封面設計　林鈺恆
內文排版　王國卿

總 經 銷　永續圖書有限公司
TEL／(02)86473663
FAX／(02)86473660
劃撥帳號　18669219
地　　址　22103 新北市汐止區大同路三段194號9樓之1
TEL／(02)86473663
FAX／(02)86473660
出 版 日　2018年08月

法律顧問　方圓法律事務所　涂成樞律師
CVS 代理　美璟文化有限公司
TEL／(02)27239968
FAX／(02)27239668

國家圖書館出版品預行編目資料

職場不NG：除了裝傻，還得裝明白／
彭少軒編著.--初版.--
新北市 ： 讀品文化, 民107.08
面； 公分. --（思想系列：72）
ISBN　978-986-453-079-3 (平裝)
1. 職場成功法　2.工作心理學
494.35　　107010013

C O N T E N T S

1. 不要讓自己處於孤立地位

職場不NG 除了裝傻還得裝明白

目　錄

CONTENTS

職場NG 除了裝傻 還得裝明白

目錄

3. 只有老闆喜歡你，這不是好消息

CONTENTS

職場除了裝傻還得裝明白

目錄

PART

1

職場不NG 職場不NG

除了裝傻還得裝明白

不要讓自己處於孤立地位

01 任何公司都喜歡合群的人

對待朋友，應該儘量抓準每一個機會增進交往，和朋友達成共識。例如，及時地給予對方雪中送炭式的幫助，會拉近你和朋友的距離，讓朋友對你更加忠誠。人生難免遇到困境，在朋友遇到困境時及時給予各方面的援助，是增進友誼的有效手段。只有友誼增進了，以後求人辦事才會更加順利。

與朋友有福同享，有難同當。當朋友獲得成功時，及時地由衷地祝福朋友，分享朋友的喜悅，會讓朋友更加快樂，並會感激你對他的祝賀。當朋友有困難時，應幫助他渡過難關，真正地展現有福同享、有難同當的精神。

如果朋友對你的某些行為流露出不滿甚至批評時，應該弄清友人不滿是什麼原因造成的。有時可能是朋友誤會了你的意思，而有時或許是由於你的粗心沒能照顧到對方的情緒，讓對方產生不滿。無論何種原因，你都應該諒解朋友，坦誠地向對方解釋自己的行為，甚至賠禮道歉，以化解對方的不滿，求得對方的原諒。

與朋友交往時應多強調精神因素，淡化物質上的交往。交朋友時以對方的道德品質、脾氣和性格是否與自己的相投作為擇友標準，不要以貧富貴賤作為擇友標準。與朋友交談或來往時應強調精神上的交流，例如聊聊最近的生活感觸，互相給予鼓勵和支持等，不要一味地談錢、談物質，這樣會給對方很不好的印象。

當對方遇到物質方面的困難時，應慷慨給予對方物質幫助，不要吝嗇，這樣會讓朋友覺得你是一個真正的朋友。所交的朋友一般是在年齡相仿的人之間。但如果與跟自己年齡相差很大的人交朋友，也會有意想不到的效果。老年人遇事經驗豐富，年輕人遇事熱情有衝勁，兩者的交往可以取長補短，所以社會上也不乏「忘年之交」。

人與人交往的最好結果是心與心的相通、志與志的相合、心理與心理的相容和分寸適度的距離感。無論哪方面，都應該力求達到一種「求同存異」的效果。

在現實生活中，由於每個人所處的環境不同，因此在經歷、教育程度、道德修養和性格等方面也各不相同，這些方面的差距不應成為友誼的障礙。友誼的長久維持應該是正確對待這類差距的結果。應該承認自己和朋友在對待事物方面的差距，承認這種差距，適應這種差距，雙方可以有爭論、有辯解，從爭論中尋找兩人的契合點，求同存異。

在涉及精神信仰的因素中應尊重對方，在涉及認識水準的問題上應透過暗示、影響等方面讓對方認識到你們之間的差距，總之，有時保持這種差距，比強迫對方或自己改變以縮短差距要可行得多。

當然，朋友之間在興趣愛好上有距離是司空見慣的事，如何才能使朋友之間的愛好協調起來呢？一般來說，朋友之間的興趣愛好是相近的，但有時又是截然不同的。在這種情況下，應該尊重彼此的興趣愛好，互相取長補短，如此不僅可以拓寬自己的知識面，還能讓友誼更上一層樓。在交朋友時，應注意多結交一些與自己興趣愛好相差甚遠的朋友，這樣可以讓自己見聞更廣闊，思想更活躍。

我們常說：「距離產生美感。」朋友之情再深，也沒必要天天黏在一起，因為相距越近，越容易挑剔對方的缺點和不足，忽視對方的優點和長處，長期下去，會導致矛盾摩擦甚至斷交。如果朋友之間保持一定的距離，可以讓朋友彼此忽視缺點，而發現的是對方的優點和長處，並對對方有所牽掛，這樣就能維持長久的友誼，經營完善自己的關係網絡。

02

編織屬於自己的關係網

一個人能否找對人辦對事，首先取決於你跟多少人建立了關係，和多少人發展關係，以及這種關係的密切程度。

俗話說：「萬丈紅塵三杯酒，千秋大業一杯茶。」一個人的辦事能力跟這個人的人際關係有著直接關係。人們都知道「眾人拾柴火焰高」的道理，一個人是否有人脈，是否有寬廣的人際關係網，是衡量他能否找對人辦對事的標準。請記住：你的人脈有多大，你辦事的能力就會有多大，沒有人脈的人，是絕對成不了大事的！

很多人都讀過《西遊記》，想必對孫悟空的瞭解是最多的。孫悟空給人的第一印象就是本領很大，能力很強。他護送唐僧西天取經，一路上斬妖除魔，最後到達了西天，修成了正果。不可忽略的是，他還是一個會找人，且善於找人的典範。每當他遇到無法戰勝的妖怪時，他的第一反應就是去尋找具有高超法力的相關人士幫忙。孫悟空的關係網簡直就是天羅地網，上至天庭，下達地府，西有如來，東有龍王。所以不管多麼厲害的妖怪，他也有法子找到高人來對付。

不僅孫悟空如此，在日常生活中，對一般人而言也是這個道理。自己能解決的事自己動手就可以搞定，遇到無法達成的事就需要動腦子、想辦法，去尋找可以解決問題的高人。高人不會從天而降，而且也不會在你遇到麻煩的時候及時出現，這需要你平時與各種人建立良好的關係，時常保持聯絡，編織一個有效的人脈關係網，並且要經常維繫這個網路，只有這樣，在關鍵時候才能找到合適的人替你辦事。

但遺憾的是，很多時候，當我們提起關係網，就讓人們覺得是帶有貶義色彩，這種看法是十分片面的。因為關係網本身沒有錯，它是中性的，關鍵看它是怎樣建立起來，是怎樣運用的。如果建立關係網，不違背一定的道德標準，運用關係網也沒有超出法律制度規定，那麼，這樣的關係網何罪之有呢？

建立合適的關係網是個人成功不可或缺的。在國外成功學中就有「友誼網」之說。它認為，喜歡別人又能讓別人喜歡的人，才是世界上最成功的人。成功的人們大多喜歡廣泛交際，形成了自己的一面「友誼網」。比如，你要某人推薦幾個供你拜訪的朋友，如果這個人是個失敗的人，他只能好不容易為你提供一、兩個人，而且好不容易才找到這一、兩個人的位址和電話。成功的人就不同了，他們會推薦出一大堆朋友，而且是在長長的名單上尋找，因為名單上包括各式各樣的朋友。由此顯示出成功者與失敗者在交友方面的差別。

在你的關係網中，應該有各式各樣的朋友，他們能夠從不同的角度為你提供不同的幫助；同時，你也要根據他們不同的需要為他們提供不同的幫助。這才是關係網應當具有的特徵。

關係網既然稱作是「網」，就應當具有網的特點。也就是說，在這面網上朋友的構成有點有面，分佈均勻。有的人交友卻不是這樣，他們結交的範圍十分狹窄，分佈十分不均，只在自己熟悉的範圍內認識一些人，而這些人的行業和特長比較單一。這樣就構不成一面標準的關係網了。

建立了廣泛的關係網後，你遇到機遇的機率就更高。在很多情況下，就是靠朋友的推薦、朋友提供的資訊和其他多方面的說明，人們才獲得了難得的機遇。

例如，某公司新來了一位大老闆，急需配備祕書，在許多人躍躍欲試、對這職位趨之若鶩的情況下，文政被選中了。原因就在於這位大老闆委託自己下屬阿木為自己物色祕書，而阿木和文政是好朋友，而且還是同一所大學畢業的。

阿木自然清楚，文政一定能勝任祕書職位，於是就把這個朋友推薦出來了。結果，大老闆很滿意對文政的考察合格，而正在為前程茫然奔波的文政更是欣喜若狂，因為他找到了自己適合的位置，這是他的心願，也是他成功的一個里程碑。

這個里程碑的獲得，關鍵因素是他有那麼一個得到大老闆信任的好朋友。有很多人在交往的過程中存在著急功近利的思想，認為所交往的朋友就應該對自己有幫助，但這種想法是非常不正確的，殊不知，有很多機遇是在交往中實現的，而在初步交往中，人們很可能沒有看到這種機遇，在這個時候，不要因為沒有看到交往的價值，就冷漠這種交往。誰知道與誰的交往會帶來很大的機遇呢？

撐竿跳高選手、兩次奧林匹克金牌得主鮑勃・理查茲曾告訴人們，他將打破達徹・瓦默達姆的紀錄，但不管他怎樣嘗試，他的成績總是比紀錄矮一英尺。後來，他想起達徹・瓦默達姆或許能幫助他，於是他大膽地撥通了達徹・瓦默達姆家的電話，希望達徹・瓦默達姆能幫助他。達徹邀請理查茲到他家來，並許諾會將自己所有的技巧傳授給他。達徹確實這樣做了。他花了三天時間指導鮑勃，糾正他的錯誤動作，結果鮑勃的成績一共提高了八英寸。

每一個偉大的成功者背後都有別人的無私幫助。沒有人是自己一個人就達到事業頂峰的，一旦你許諾要成為出類拔萃的人，你就可以開始吸收大量對你有幫助的人和資源了。而其他各方面有所建樹的人是你所有資源中最大的資源。你要做的就是找到他們，編織一張有助於你的事業成功的「關係網」。

03 與人交往要講究彈性

古人云：「君子之交淡如水。」西方哲人說：「距離產生美。」無論是東方傳統上的觀點，還是西方現代思想，都向我們說明了這樣的一個道理：人與人之間應該保持適當的距離。這一道理在求人辦事的時候也是非常有用的。

每天形影不離的人不一定是最親密的朋友，就像我們每天都與同事在一起工作一樣，我們與同事之間並非親密無間，相反那種只有一、兩週才聯繫一次的朋友才會與我們無話不談。兩個再要好的朋友，如果天天泡在一起，那種感情也會在朝夕相處中磨滅，最終變得麻木不仁。如果雙方能夠在交往中保持適當的距離，則更容易貼近彼此的心靈，產生友情的共鳴。

這是因為朋友之間相互的吸引力不管有多大，他們畢竟是兩個不同的個體，有著不同的利益。他們因所處的環境不同，所受的教育不同，其人生觀、價值觀也必然存在著一定的差異。因此，兩個人接觸的面越廣，產生的分歧也越大。所以，朋友之間也是要適度地保持距離，才能夠增進雙方的感情。

人與人之間的差異是必然存在的，這與交往的次數有著密切的聯繫。具體表現在：交往的次數愈是頻繁，這種差異就愈是明顯，而這種差異從一定程度上會引起雙方的分歧。

佑晴和方潔同在一家公司做銷售工作，她們兩人是好朋友，經常形影不離。由於公司的紀律很嚴格，所以上班時間她們並沒有機會說話。

下班回到家，佑晴的第一件事就是打電話給方潔，一聊起來就沒完沒了。星期天，佑晴總有理由把方潔叫出來陪她去購物、逛街、吃飯，方潔也都勉強同意。

所以，佑晴每次都興高采烈拉著方潔一玩就是一整天。

最後方潔向佑晴鄭重聲明：以後星期天要去學才藝，不能再參加佑晴的各種活動。

佑晴很不高興，她跟方潔的父母說：「我很傷心，我把她當作我生活中最重要的朋友，可是她竟然這樣對我。」

方潔的父母勸她說：「孩子，每個人都有自己的事情，妳這樣每週都纏著方潔與妳在一起，讓她失去了自己的生活空間，她自然會感到厭倦。所以維持妳們親密關係的最好辦法就是保持一定的距離，往來有節，互不干涉。」

聽了方潔父母的話，佑晴來找方潔的次數減少了，可是她驚奇地發現，她們的友誼反而更加深厚了。

透過這個例子我們可以看出，人與人之間應當保持適當的距離。如果朋友之間過於親密無間反倒容易產生摩擦，這樣反而會不利於雙方之間的友誼，當然更不利於以後的辦事。那麼，怎樣保持在交往中的彈性呢？可以分以下幾種情況區別對待：

一、和初次接觸的人交往

因為是初交，彼此不怎麼瞭解，心靈尚未溝通，如果過急地親密，則很容易讓人產生交際動機不單純或交際態度輕浮的看法。相反，如果在初次交往時過於冷淡，又容易讓人產生你目中無人或深不可測、老謀深算的感覺，使人望而生畏。

所以，在初次與別人交往時，應透過逐步的接觸，視瞭解的程度和可不可交的情況來確定交往的深度和關係的疏密。在初次交往時最聰明的做法是讓你的交往帶上「彈性」，有伸縮自由的餘地，這樣既能把握住良機，又能慎重、充裕地來進行交往。

二、和有隔閡的人交往

人與人之間的交往總是難免存在隔閡，一旦隔閡存在，交往時必然產生一定的戒備心理。尤其是與那些本來相識甚至是好朋友的人，在發生誤解之後而失去往來又重新打交道的時候，只要有一方在處理關係時有所不慎，都可能引起另一方的高度敏感，甚至讓雙方的關係進一步惡化。

所以，和與自己有隔閡的人往來時，一般應既主動接近，又保持適當的距離。一切都應處理得從容不迫，富有「彈性」，留有餘地，隨著交往的增多，彼此重新認識並意識到過去的誤解或認識上的差異，最後雙方的隔閡或矛盾就會自然消除。

三、在一些特定場合的交往

有些場合的交往也需要講究點「彈性」，比如在公關活動中，在商業、外交談判中。這些特殊的交往如果不講究「彈性」策略，就會操之過急或失之偏頗。一般來講，在公關活動中，公關的目的是為了盡最大努力樹立自己美好的形象、擴大知名度、贏得別人的信賴，進而更好地進行交往。

在這種場合下，交往既應實事求是，又應維護自己的形象或所代表機構的聲譽，如果一味趾高氣揚、自大吹噓，不僅敗壞了自己的形象，公關也會化為泡影。反之，一味低三下四、「謙卑」十足，也同樣讓人倒胃口，讓人覺得你的公關形象猥瑣醜陋，甚至產生不屑與你交往的想法。所以，公關活動有方法、技巧可言，「彈性」公關就是其中之一。

此外，在商業、外交談判中也存在同樣的問題，雙方既是競爭對手，又是合作夥伴。這就需要「彈性」策略，既把關係處理得鬆緊適度，既能保證不增加衝突，又便於進一步增進聯絡、加強合作。

四、在特定語境的交往

人們進行交往總離不開語言。而有些特定語境讓人們在言語交際中不可把話說得太肯定、太絕對，而應該靈活多變，可上可下，可寬可窄，可進可退，這也需要在言語交際中帶上一定的「彈性」。這樣，有利於自己掌握交往的主動權，為日後進一步交往留下了轉身的餘地。

「彈性」策略在交際中的運用是十分有效的，只要你掌握了「彈性」交往的規則和技巧，你就會在與別人的交往中遊刃有餘，輕鬆愉快。

04 懂得分享才能收穫更多

有個人很有才氣，編的雜誌很受歡迎，有一年更得到大獎。一開始他還很快樂，但過了個把月，卻失去了笑容。因為他發現，社裡的同事，包括他的上司和屬下，都在有意無意間和他作對。

原因是這樣的：他得了獎，上司除了新聞局頒發的獎金之外，另外給了他一個紅包，並且當眾表揚他的工作成績。但是他並沒有現場感謝上司和屬下們的協助，更沒有把獎金拿出一部分請客。大家雖然表面上沒有說什麼，但心裡卻感到不舒服。

其實就事論事，這份雜誌之所以能得獎，他的貢獻最大。但是當有好處時，別人並不會認為誰才是惟一的功臣，總是認為自己沒有功勞也有苦勞，所以他獨享榮耀時，當然就引起別人的不快了。尤其是他的上司，更因此而產生了不安全感，害怕失去權力，他自然就沒有好日子過了。結果兩個月後，他就因為待不下去而辭職了。

當你在工作上有特別表現而受到肯定時，千萬記得——別獨享榮耀，否則這份榮耀會為你帶來人際關係上的危機。

其實不要獨享榮耀，說穿了就是不要威脅到別人的生存空間，因為你的榮耀會讓別人變得暗淡，使別人的地位發生動搖，產生一種不安全感。而你的感謝、分享、謙卑，正好讓旁人吃下一顆定心丸，人性就是這麼奇妙。如果你習慣獨享榮耀，那麼有一天就會獨吞苦果！

與人分享榮耀，讓你少樹敵人，進一步與人分享你的經歷，興趣能讓你贏得友誼。

一、與人分享經歷

人們在一起共事時，大家同舟共濟，共同的命運把彼此連在了一起，只要採取合作態度，互相支持、互相幫助、互相關照，是最容易產生感情認同的。特別是在困難環境中，彼此相依為命、共度難關、情誼深厚，可能終生難忘，交情將更牢固。

比如，當年不少年輕人一起離鄉往都市發展，幾年中大家有福同享有難同當，哪個人受了欺負，大家一起為他鳴不平，如此必然轉化為深厚的感情，銘刻在各自的記憶中，不管日後分散在天南地北，做了什麼工作，但誰也不會忘記這段交情。

共事時間長固然可以形成深厚的交情，有時相處時間並不長，但只要同心協力，相互支持，彼此關照，引起對方的好感，同樣可以建立難忘的交情。有這樣兩個軍人，一個在司令部當參謀，另一個在政治部當兵，平時並沒有什麼往來。

有一次，他們兩人被分到了同一個連隊。部隊每天走百里路，行軍路上，他們互通情況，收集資料，一起說明連隊組織好行軍，為解除戰士行軍的疲勞，還輪流作宣傳鼓動，買吃的都一起分享。

就這樣，行程千里，圓滿完成任務，兩個人也結下了深深的交情。二十年後，當了部長的參謀到外地開會，還專門繞道到某陸軍學院去看戰友。兩人見面，憶起當年一起行軍，分吃一顆蘋果，一起追野兔子的情形，不消說多麼高興。十天的交情，記了一輩子。

二、和別人分享興趣愛好

有時候因為共同的愛好、興趣，也可能成為彼此交情的紐帶。比如，都愛下棋，在路邊棋場相識，相互成了棋友；都愛垂釣，在湖邊相遇成了釣友……這樣共同的東西把彼此召喚在一起，在共同切磋中，便結下了友情。

某軍校外面有一條清幽的小路，早晨常有人到這裡跑步鍛鍊。一位姓王的教員和一位姓高的教員，每天跑步之後在這裡相遇。然後一起散步，邊走邊聊，由一般的寒暄到互相瞭解。兩個人都愛好寫作，少不了交流看法，彼此雖沒有物質的交往；只是一種資訊和思想觀點的交流，但依然有很強的吸引力，都覺得獲益匪淺。

時間長了共同語言越來越多，形成了習慣，不管春夏秋冬，不約而同準時到這裡會合。後來，老王調到外地還經常打電話來問候，保持密切的聯繫。

05 不要讓同事都反對他

某人力資源專家收到一份來信。來信署名為志明。他在信中講述了工作中的一些遭遇。很有參考和警示作用。

「您好！

我不知道為什麼要寫這封信，也不知道寫這封信能有什麼用。但我還是決定寫給你，我需要傾訴，也許向一個完全陌生的人傾訴才是最安全、最無所顧忌的吧。

我在一家汽車公司工作三年了。我是做研發的，所學的專業是機械製造，是國內知名高校碩士畢業，後來又到德國去進修了大半年。在技術方面，我自認為有深厚的專業背景，也瞭解世界的發展潮流和領先技術。對待工作，我有學工科的人特有的嚴謹，像我們這樣做技術的，靠的就是嚴謹。如果沒有嚴謹的規劃和操作，再好的思路也沒辦法實施，即使實施也一定是錯誤百出，最終造成巨大的損失。

因此，在我們研發部討論方案的時候，我總是希望做到最好、最完美。同事提出一些計劃，我看到不合理的地方，或者覺得可能出現麻煩的地方，我總是給他們指出來。我覺得這也是我應該做的，總不能等到專案已經推進了，損失已經造成了再去改進吧?就是這樣，我們部門有很多專案在組裡討論的時候，因為我提出很多相反的意見而最終被擱淺，很多意見在討論的時候就被「拋棄」了。雖然這樣做損失了一些想法，卻避免了造成更大的損失。所以我覺得在團體討論時提出不同的意見是很有必要的，我不認為這樣做有什麼不妥之處。

但是最近我發現，不論我在什麼場合，不管提出什麼意見，都有同事反對我。無論我說的有道理還是不太正確，他們都不假思索地站到反對我的立場上。我剛開始也沒有太在意，以為只是工作上的碰撞。後來，我發現我們組裡幾乎所有的人都開始與我為敵，只要是我的提案，他們就集體反駁，儘管很多時候他們的反駁基本上沒有證據和力度，但是在形式上我還是寡不敵眾。

這樣的事情一再發生，讓我覺得自己做人很失敗。我之前一直天真地認為，做工作就要做到最好，方式並不重要，不管我怎麼做，目的只有一個，就是讓工作能夠順利進行，創造更多的價值，且避免不必要的損失。我從沒有考慮太多的人情世故，現在才發現人心真的很複雜。

更讓我忍無可忍的是，前一段時間，不知道是誰在公司裡造謠說我要跳槽了，目標正是我們公司的一個競爭對手。這話傳到上司耳朵裡，他馬上找我談話。雖然我盡力為自己辯解，但是公司老闆找我們部門調查我的情況時，他們都一口咬定我確實想跳槽，弄得我相當委屈。雖然上司那邊保持沉默，這件事情最後不了了之，但我明顯感覺到公司的管理層已經不像以前那麼信任我了，也不再把重要的專案交給我做，一些公司的機密也開始不再讓我參與。我知道這是同事們聯合起來排擠我，他們容不下我。

本來從來沒有考慮過跳槽的我，最近不得不考慮這個問題。令我頗為頭痛的是，如果我真的走了，那他們的謠言就成了事實了；如果我不走，部門內的合作又相當困難，這樣內耗下去，也是難有成就。我實在是很苦惱，不知道在自己事業本該騰飛的時刻，怎麼會這樣栽倒。」

從志明的故事中，我們不難看出，他是一個在工作上相當有能力，並且很有見解的技術員。一個好的技術員對一個公司來說是一筆財富，是一個不可多得的人才。按常理，志明在公司裡應該受到同事的尊重和上級的重用，在事業上應該非常得意才是，但事實卻恰好相反。現在的志明失去了同事的支持、失去了公司的信任，甚至面臨丟掉工作的窘迫。用他自己的話說，是「本應該騰飛，卻栽倒了」。

更讓志明頭疼的是，同事們和上司並不是直接表達對他的不滿，面對面地向他提出改進意見，而是用一種隱諱的方式刺激他，比如冷落，比如團體與其作對，比如不信任。其實這種方式給人造成的傷害和壓力更大，因為它不給你辯解的機會，完全不和你溝通，它是軟刀子，但往往更傷人，這就是職場冷暴力。

為什麼志明為了讓工作更完美、讓同事們提出的方案更有效的一番苦心最終卻換來了同事們和上司的冷暴力呢？

從志明的立場來看，他自己並沒有什麼問題，因為他所做的一切都是為了工作，同事和上司這麼對待他是沒有道理的。但是從同事們的角度來看，志明每次都反對他們的方案，導致他們的想法無法順利實施。這樣的做法一次兩次還能容忍，但三番兩次就難以忍受了，他們會認為志明是故意跟他們唱反調，為難他們。如果直接當面跟志明溝通，「請你以後不要總是反對我們的方案行嗎！」，這顯然是不可行的，也不符合人們的交際習慣。既然雙方各執一端，而正面的溝通又無法進行，同事們採用冷暴力的方式來對付總是跟他們唱反調的人就不難理解了。

心理學研究指出，輕易地對別人的意見和觀點說「不」，容易引起談話雙方情緒的對立，讓全身組織緊張。在這種情況下，溝通很難順利進行，雙方都更容易採用拒絕的方式對待對方。因此，即使你有更好的想法，即使你認為對方的觀點的確有欠妥當之處，如果方式不正確，就會引起別人的反感和誤解，這樣不僅不能達到溝通的效果，反而還有可能讓你自己陷入苦惱的人際關係之中。

在工作中，大家針對同一事件持有不同的意見是再正常不過的事情，特別是如果你能力超群，對待問題常常有獨到的見解，就更容易跟其他的同事意見相左。遇到這種情況，是像志明那樣快人快語，一味地反對、反對、再反對，還是講究一點提意見的方法，注意一下說話的方式，讓對方更願意接受你的觀點，而不是與你對立呢？志明的教訓讓我們認識到提意見的方式很重要。但是如何更有效地提意見呢？以下三個方面可以借鑑和參考：

第一，先肯定對方意見中的合理之處。任何一種意見都有值得肯定的地方，或前景可觀，或構思精巧，或風險係數小，既然是別人思考的結果，你不妨先肯定對方的智慧。多考慮一下對方的出發點和良好的構想，以免全盤否定對方，讓對方形成不必要的心理障礙。

第二，態度平和，不要針鋒相對。很多人在提意見的時候容易提高聲調，企圖以勢壓人，這樣非但達不到溝通的效果，反而會讓對方認為你想把自己的觀點強加給他而對你產生本能的反感和反對。因此，要想不傷害對方，達到有效溝通，就必須注意談話方式，提問要懇切，反駁要和善，陳述要平和。

第三，還要注意找出對方意見中的癥結所在，有針對性地提出建設性意見。在指出對方的不足時，最好採取提問、詢問的方式，比如：「我還不太明白，如果出現……情況時怎麼解決？」即使直陳弊端，表述也切忌用十分肯定的語氣，不要顯得自己比對方高明很多，不要抓住對方的不足之處窮追猛打。

即使你有十足的把握，覺得自己肯定是對的，也最好選用讓步的句式，如「我想是不是這樣會更好一些」、「你看能不能這樣」，這樣對方會感受到你的尊重和誠意，而使氣憤不至於太尖銳，爭端不至於太激烈，讓交流的效果更好，也讓同事之間的關係更和諧，進而避免為職場冷暴力留下隱患。

06

領頭羊也可能遭到孤立

若蘭正在經歷著孤獨：「我坐在辦公室裡就跟坐在夜晚的沙漠中一樣，孤獨、清冷，沒有一個人願意理我，沒有一個朋友，連個說話的人都沒有。公司通知什麼事情，別人都知道，就瞞著我。吃飯的時候，他們三五成群，只有我一個人獨來獨往。有時候，我進辦公室，他們明明很熱烈地在討論什麼問題，但一看見我走過來，就立刻都不出聲了。

我總是懷疑他們在背後議論我什麼。更氣人的是每次例會上，不管我提出什麼工作計劃和工作方案，總有人反駁我，對我的想法不屑一顧，這讓我很受不了。前一段時間，我們公司員工旅遊，我竟然被整個晾在旁邊，他們在一起拍照、一起玩，只有我一個人什麼活動都插不進去。就連住宿時都沒有人願意跟我同間房，最後我一個人住了一個房間。」

朋友問她：「為什麼會這樣呢？」朋友實在想不出什麼理由。若蘭其實並不是一個讓人討厭的人。但是這種情況的出現，背後一定有原因。按照若蘭的解釋，就是她太優秀了。

「他們嫉妒我吧，一群沒有能力，只知道在背後暗算別人的小人。大半年來我的業績在部門裡一直是最好的，沒有任何人能與我抗衡。再難纏的客戶只要到了我手裡，保證能收服。」若蘭說這些的時候，眼裡閃著得意的光芒，這顯然是她的驕傲。

這下子朋友明白了，正是因為若蘭太優秀，太出色了，讓同事們感覺到了壓力，所以才聯合起來孤立她。同事的孤立讓上司也開始對若蘭有意見，上司老是提醒她要注意團結。這讓若蘭很無語。

若蘭遇到的情況並不少見。身在職場，每個人都想透過自己的努力取得成績，得到別人的認同和肯定。能成為業績冠軍是一種能力的展現，很多人為此而奮鬥；而能長期獨佔業績榜上的第一把交椅，更是顯示能力了得。

這本來是很好的事情，不應該帶來任何壓力和傷害，但在若蘭的故事中，她分明就是因為長期業績驕人而造成了與同事往來的極大障礙，並最終失去了上司的支持。這對她的職業生涯來說無疑是個巨大的阻擋，而且對她的心理也會造成一定的傷害。

為什麼好事最後卻帶來傷害和阻礙呢？這是個複雜的問題。在同在一個辦公室裡辦公，大家能夠支配的資源一樣，如果你比其他的同事做得好，自然會給別人造成一定的壓力。同事之間在很大程度上是一種競爭關係，如果你太能幹，別人在你的光環下就會顯得暗淡。

誰不想表現？誰不想被注視呢？正是因為有了你的存在，有了你超強的業務能力，他們永遠都只能屈居第二或第三了；也是因為有了你的存在，老闆對他們的關注驟然下跌，甚至很少過問，因為他的全部心思都在你這裡，你成了老闆跟前的紅人，而他們全部失寵了。

面對一個將自己處境改變了的對手，一個強勁得很難超越的對手，他們怎麼能不嫉妒呢？有了嫉妒就一定要表現出來，冷暴力就是一個極好的表現方式，只有這種方式既能讓對手感到難受，又不會給自己帶來任何利益和形象上的傷害。

而作為領導人，作為公司的老闆，能籠絡有能力的員工固然是件好事，但是如果有一天他發現，因為某個員工過於厲害而讓更多的比較有能力的員工工作積極性受到了嚴重的打擊，或者內部衝突增加，整體效率下降，那麼他當然會重新考慮是繼續站在你這一邊，還是站在更多人的立場上。利益會為他做出選擇，怎麼做能保障更大、更持久的利益，對於這一點，老闆一定心中有數。

那麼，在工作中，在我們盡力爭取更高的業績，創造更多的價值的時候，弄清楚了這其中的利害關係，這個好事變壞事的故事就不難理解了。該如何平衡業績與人際關係呢？怎樣避免像若蘭這樣高了業績，沒了人緣的情況發生呢？

一、做人低調一些，態度上儘量謙虛

能在工作中取得一定的成績，當然與自己的努力和才能分不開，但是因此就沾沾自喜、恃才傲物就沒有必要了。如果你表現出得意洋洋的樣子，一副志得意滿的姿態，對別人是一種刺激，其他同事看到之後當然心生不快。但是如果你態度謙虛，不吹噓自己的能耐，不顯山，不露水，待人友好誠懇，儘量不在業績上做比較，克制自覺的優越感，那麼別人也不會覺得你的刺激性太大，非要把你孤立起來不可。

二、盡力幫助同事，態度誠懇

一個籬笆三個樁，一個好漢三個幫。誰都會遭到自己克服不了的困難，當同事有困難而你又有能力幫助他的時候，不妨及時伸出你的援助之手。君子成人之美，成全別人也是在一定程度上成全自己。在很多時候，幫助他人最後只會讓自己受益。千萬不要以為幫助別人就會讓自己失去機會，恰好相反，好的人際關係能給你帶來的機會和益處遠遠大於一個人單打獨鬥所創造的價值。

07 優越感越強烈越容易樹敵

小瑾第一天來上班，進了辦公室就說：「我們這邊交通實在是不好。今天我爸開他的BMW送我來上班時大塞車，差點遲到。」生怕別人不知道她家有輛BMW。

剛開始接觸，其他同事對她都還比較客氣。加上她長得不錯，工作也乾淨俐落，大家並不排斥她，出去玩或者有什麼活動也會叫她一聲。但是接觸了一段時間後，大家越來越發現這個人太愛炫耀了，什麼時候都希望別人注視她、羨慕她。

她的項鍊、戒指之類的首飾，總要讓別人知道是從哪買的，多少錢，她的皮包、衣服、鞋子，都要一一把價格報給大家聽。「這個包包啊，從英國帶回來的，是正版的LV哦，一千多英鎊呢。」小瑾總是憋著一種古怪的語氣炫耀地說。

小瑾的做法非常不可取。孔雀開屏，的確能吸引不少目光，但是如果不分時間、場合，動不動就開屏，時時處處都希望別人向它投去驚羨的目光，久而久之，這種孔雀必定遭人冷落。

在職場上也是這樣，如果你過於炫耀自己，處處顯示自己的優越感，開始的時候別人可能還看你幾眼，時間長了必定遭人厭惡。顯然小瑾還很不成熟，大肆炫耀自己的物品、學識和業績，最終引起同事的不滿，進而遭到了孤立。

法國哲學家羅西法古說：「如果你要得到仇人，就表現得比你的朋友優越；如果你要得到朋友，就要讓你的朋友表現得比你優越。」在工作場合更是這樣。即使你真的卓爾不凡、有著經天緯地的才華，也不要在別人面前炫耀。

第一，炫耀顯得你很膚淺，因為真正有內涵的人是懂得韜光養晦的，這就是人們常說的「滿瓶水不響，半瓶水響叮噹」。第二，沒有人願意永遠當你的粉絲，坐在觀眾席上看你表演。如果你總是炫耀自己的高明之處，就是對其他同事自尊的一種挑戰與輕視，別人對你產生厭惡和排斥的情緒就很正常了。

像小瑾，對一些根本沒有必要展示的東西還大肆炫耀，就更加表現出她做人的不成熟，如家裡經濟實力雄厚，比如受到的教育比較良好，這些都屬於個人的私事，你自己感覺良好就夠了，何必拿出來刺激別人呢？既然你做人這麼差勁，別人不願意接近你，不願意跟你搭檔，就都能理解的了。

在工作場合，過分地表現和張揚，甚至是炫耀，不但對工作沒有任何幫助，反而會為自己招來冷暴力的禍害。為了讓自己的工作更順利，為了讓自己在職場中的人際關係更和諧，為了讓自己免受職場冷暴力的傷害，在做人方面學點聰明是很有必要的。

一、儘量滿足別人的表現欲，而對自己的成績輕描淡寫

人都有這種心理，希望自己被人注視，但又不希望別人在自己面前表現。在這種情況下，你不妨韜光養晦，讓別人表現個夠。

某工廠人事處調配科科長是一位相當有人緣的人，照理來說做人事調配工作是很容易得罪人的，可是他卻把跟大家的關係處理得相當融洽。當然，這也

是長時間累積經驗的結果。在他剛做調配科科長的那段日子裡，在同級中幾乎連一個朋友都沒有。

因為他正春風得意，對自己的機遇和才能滿意得不得了，因此每天都使勁吹噓自己在工作中的成績……同級聽了之後，不僅沒有人分享他的「成就」，而且還極不高興，對他的態度相當冷淡。

後來他意識到癥結所在，從此以後，他很少談自己而是開始多聽同事之間的談話，因為他們也有許多事情要「吹噓」，把他們的成就說出來。後來，每當有時間與同級閒聊時，他總是先請對方滔滔不絕地把他們的歡樂炫耀出來並與對方分享其成就，而只在對方問他的時候，才簡單說一下自己的成就。

這就是智慧，讓別人表現自己並不吃虧，相反，卻贏得了別人對自己的尊重。

二、放低姿態，在工作中儘量表現出謙遜、圓融和忍讓

千萬不要把自己看得太了不起，低調在很多時候是保全自己的一種智謀。

在秦始皇陵兵馬俑博物館，一尊被稱為「鎮館之寶」的跪射俑前總是有許多觀賞者駐足，他們為跪射俑的姿態和寓意而感歎。秦兵馬俑坑至今已經出土

清理各種陶俑一千多尊，除跪射俑外，皆有不同程度的損壞，需要人工修復。而這尊跪射俑是保存最完整和唯一一尊未經人工修復的兵馬俑，仔細觀察，就連衣紋、髮絲都還清晰可見。

跪射俑何以能保存得如此完整？這得益於它的低姿態。首先，跪射俑身高只有一百二十公分，而普通立姿兵馬俑的身高都在一百八十至一百九十七公分之間。天塌下來有高個子頂著，兵馬俑坑都是地下坑道式土木結構建築，當棚頂塌陷、土木俱下時，高大的立姿俑首當其衝，而低姿的跪射俑受的損害就小一些。

其次，跪射俑做蹲跪姿，右膝、右足、左足三個支點呈等腰三角形支撐著上體，重心在下，增強了穩定性，與兩足站立的立姿俑相比，更不容易傾倒而破碎。因此在經歷了兩千多年的歲月風霜後，它依然能完整地呈現在我們面前。

這也是一種智慧，先保全自己而最終成全了自己。在工作中，我們不妨學學跪射俑的處世智慧，不要逞一時之能，而喪失了同事的幫助和支持，陷入冷暴力的打擊圈中。

08 獨享榮耀就會失去合作

最近發生了一件讓雲晟感到煩心的事情：「我們老闆最近對我態度很冷淡，我很不能理解。上個月我們這個地區有個大型的展覽會，按慣例應該是我代表公司去參加，我也都做好準備了，誰知道老闆竟讓大衛那個什麼都不知道的傢伙去了。你說這是什麼居心啊？

還有，我手下的那幾個員工，之前一直都是歸我調遣的，現在他們竟然經常跟在大衛屁股後面跑，還好像很親密的樣子。我也懶得過問，他們愛跟誰親密就跟誰親密，我無所謂。但是前天我拿到一個工作，請他們協助我，結果那幾個傢伙竟然都說沒時間，說手頭有不少事情要做。我不信，跑去一查，發現那些人根本沒什麼事情，完全是在騙我。這不是擺明了不跟我合作嗎？真是氣死我了。」

這不是正常現象。朋友提醒他：「在此之前是不是發生了什麼不愉快的事情？」世界上沒有無緣無故的愛，也沒有無緣無故的冷落，朋友覺得這裡面肯定有原因。

雲晟給出的解釋是：「可能是他們嫉妒我吧，前一陣我的業績非常好，總公司對我進行了獎勵，我挺高興的。那些同事大概是看不慣別人比他們強吧。自己沒本事，還不允許別人領先，真是太小心眼了。」實施上，其中有更為重要的原因，他自己並沒有意識到。

雲晟是做市場推廣工作的，之前的工作一直沒有什麼太大的進展。恰巧前不久遇到一個朋友，他在一家廣告公司工作，他告訴雲晟，能夠借助網路和媒體的力量，這樣涵蓋面會更大。而且他能幫雲晟聯繫到比價低的廣告投放價格。雲晟一聽很高興，趕緊回公司聯繫銷售部和客服部的同事，大家一起設計出了一份非常完美的市場推廣計劃書。

然後在那個朋友的幫助下，雲晟他們的推廣效果非常好，幾乎可以說是一炮而紅，得到了廣大顧客的認可。不過為了這次推廣，幾個部門可是足足忙了一個多月。產品在市場上火紅了，老闆非常高興，給了雲晟一筆獎金，開會的時候也特別肯定了雲晟的工作，還把雲晟作為榜樣，讓他為同事們說說市場推廣方面的經驗。

問題就是出在這次經驗介紹會上。在會上雲晟把自己是怎麼想到這個推廣方案、怎麼完善它、怎麼實施的，整個過程講了一遍。然後感謝上司對自己的獎勵。但卻絲毫沒有提到其他同事對他的配合。顯然，大家對雲晟感到不滿。這才是現在大夥冷落他的真正根源。

在一個團隊裡工作，每個人的工作都是很重要的，如果你不尊重別人的工作，認為他們做的事情無足輕重，只有自己的工作才是成功的唯一的因素，並且在成功之後不願意跟同事分享你的榮耀，那麼等待你的當然是同事不願意再跟你合作。而且上司看到你獨享榮耀，心裡肯定也在想，你這個人在做人方面還不是十分成熟，還有待磨煉，也就不會把重要的工作交給你。所以，無論什麼時候，都不要把所有的成就歸功於自己，那樣會讓你失去其他人的支持。

某項工作順利完成以後，你要自覺地把功勞讓給別人。你也許會說：「我自己立下的汗馬功勞，何必讓給別人？」這是很多人都有的想法，覺得那是自己的東西，卻要給別人，心裡很不平衡。但其實這並不是一種無條件的給予，對榮譽的態度往往表現了你的為人。如果你是一個肯分享、不獨佔的人，同事自然會看在眼裡，以後還願意跟你合作。如果你自私自利，抓住眼前的這點小利不放，同事也會看穿你，認為你不值得他們為你效力，所以不願意跟你合作。

這是一個相當淺顯的道理，但卻時常有人在面對利益的分配時忘掉這一切，認為是自己的就應該緊緊地握在自己手中，絲毫不願意跟別人分享，完全忘記了別人為他的成功所給予的支持和幫助。

好吃的東西大家都愛吃，越是好的東西，越捨不得讓給別人，這是人之常情。比如小孩子吃飯，只要媽媽端出好吃的菜，他們就會很快吃掉，並且擔心別人跟他搶。然而，你已經不是小孩子了，你需要懂得分享。好吃的「菜」，也不能吃獨食。在工作場合，這好吃的「菜」就是榮譽和利益。

職場的黃金原則就是要與同事合作，有福同享，有難共當。當你在職場上小有成就時，當然值得慶幸。但是你要明白：如果這一成績的取得是團體的功勞，離不開同事的幫助，那你就不能獨佔功勞，否則其他同事會覺得你搶奪了他們的功勞。只會打眼前的算盤、短視近利的人，將來一定會吃大虧。

但是如果你把榮譽讓給別人，情況就大不一樣了。如果你把成績歸功於上級，那麼受禮讓的上級會覺得「我欠了此人一份人情」，會產生這樣的想法：「此人很體諒我，所以才會把功勞禮讓給我，他挺了不起的。」於是對你產生了好感。總有一天，上級會設法還你這筆人情債，給你再次建功的機會。而如果你把功勞讓給同事，他們會覺得你這個人淡泊名利，值得跟你交往，願意與你合作。

不過，當你把功勞禮讓給上級後，請不要到處對外宣傳。獨佔往往讓你失去信任和支持，讓你的人際關係緊張。但是禮讓卻能讓你得到上司的賞識和同事的支持，後者更具智慧。

在禮讓的時候，要注意一些小細節，否則弄巧成拙，不僅失去人心，還會被人認為你這個人相當虛偽。所以你讓功的事要由受禮讓的人而不是你來宣佈。如果你無法遵守這一戒律，那麼你最好還是不要禮讓。把功勞讓給上級是為了在將來的工作上得到上級幫助的機會。當然，我們不可以只打功利上的如意算盤。

在組織中，一項工作完全無誤地完成，並不是只靠一個人的力量就可以辦到的，而是要借助眾人的合力，尤其是上級的幫助。因此，把功勞讓給上級也是理所應當的。如果你們因此而成為朋友，那你將來立的功勞會更大。屆時，你可能會得到上級更多的獎勵。「欲取之，必先予之。」將好的東西先讓給上級，他一定會找機會回報你的。

但是，萬一沒有得到上級的回報，你也不應該生氣。從長遠的眼光來看，上級對你所懷的善意對你來說仍然是很有利的。記住，千萬不要到處宣揚你讓出的功勞，否則你的善意將化為烏有。

09

利益獨吞不得人心

利益是合作最堅實的基礎。有句話叫「無利不起早」，蘊含著深刻的道理。大家的往來是因為有利可圖。我跟你合作不是幫你的忙，是要讓我賺到錢，我老婆的化妝品、孩子的學費、房子的貸款等都等著我呢，不賺錢行嗎？如果我不能從跟你的合作中賺到錢，那我們就是情義朋友而不是生意朋友了。

有一句話是這樣說的，「做官要讀曾國藩，經商要讀胡雪巖」。其實，無論是否當官或經商，我們都應該認真拜讀和研究這兩個人。在小說《曾國藩》中，曾經有這樣一個細節：

曾國藩初握兵權時，對屬下要求極其嚴格。曾國藩治下的湘軍，以「紮硬寨，打死仗」聞名。曾國藩追求的是「多條理、少大言」，「不為聖賢，便為禽獸」，「莫問收穫，但問耕耘」，梁啟超稱讚他是「其一生得力在立志，自拔於流俗」，「曆百千艱阻而不挫屈；不求近效，銖積寸累，受之以虛，將之以勤，植之以剛，貞之以恆，帥之以誠，勇猛精進，艱苦卓絕」。其「非有地獄手段，非有治國若烹小鮮氣象，未見其能濟也」。

但是，曾國藩在戰後也很「吝嗇」，在向朝廷保薦有功人員時，「據實上奏」，一是一，二是二，有多大功勞就是多大功勞，不肯多報一點，更別說虛報那些無功人員了。不濫用朝廷「名器」。後來，老九曾國荃勸說他：「大哥，你這樣不行啊！你是朝廷大員，你可以『修身齊家治國平天下』，你可以百世流芳，這是你的追求，可是這些弟兄們沒有你那麼高的追求，他們要的就是眼前的利益。弟兄們流血賣命打仗，圖的是金銀財寶和有個官職封妻蔭子，你不給人家好處，誰給你賣命啊？」

理想主義的曾國藩在現實面前也只好妥協，一是對湘軍戰後的洗掠睜隻眼閉隻眼，二是更多地為手下向朝廷邀功請封。在曾老九攻下南京後，湘軍將士將太平天國積存的財富搶劫一空，曾國藩也只能儘量在朝廷那裡為他們遮掩。於是，湘軍將士們都死心塌地為他立下汗馬功勞。

所以，你與他人合作，或者帶領一個團隊，若不給對方或下屬機會，當對方得不到利益，會有幾個人願意與你合作呢?人想要讓合作長久的繼續下去，學會讓對方利益共用，是極其關鍵的一招。

10 與人交易能夠產生互利

市場部文案子芸不久前被提升為策劃部主任。這是一個令很多人眼紅的職位。而她之所以被提拔，主要是因為她平時所做的策劃文案都十分精采，並常有文章在報紙雜誌上發表。當她得知策劃部主任一職有空缺，而公司內定人選是市場部助理小蘭的時候，自信的她便來個毛遂自薦，並最終獲得成功。

這個事例顯示：如果你沒有堅硬的後台做硬體，要想在競爭中取勝只有依靠自身的軟體了，比如：你是否有良好的溝通能力？有沒有團隊精神？外交能力是否出色？是否有強大的人脈資源？是否具有掌控局面的領導力？

這些軟體是否是你的比較優勢，這取決於競爭對手是否也擁有這些。只有在你所擁有的是對手所沒有的情況下，這些軟體才能稱得上是你的比較優勢。同時，你也需要透過適當的途徑把它們展示出來。「好酒不怕巷子深」的古訓在今天的職場競爭中並不適用，等著別人發現往往會讓自己與機遇失之交臂，等人發現不如學會自我主動表現。

比價優勢彰顯獨特價值。有個還未畢業的大學生講述了這樣一個故事：在暑假中，他到某環保科技公司應聘銷售員。與他一起參加面試的人有很多。與他們不同得是，他沒有工作經驗，在業務方面也不是很熟悉，動手能力也不是很強。按照一般思維，他應該是處於劣勢的。但是，樂觀的他在進行仔細分析之後，準確地捕捉到了比較優勢：自己受過系統、正規的大學教育，有較高的文化素養，讓自己可以更快的接受企業的知識，更快的融入企業，而且外語和電腦能力都不錯，綜合素質更勝一籌；雖然自己沒有豐富的銷售經驗與技巧，但自己有很好的理論知識，會熟悉運用網路資源，比其他競爭者更容易上手；另外，自己比他們更有激情和較強的學習能力，潛力無窮。從長期來看，用人單位應該樂於招聘像自己這樣的「種子選手」。

招聘單位最後的選擇結果出乎很多人的意料，他們在比較了應聘者各方面的長短以後，把幸運機會給了這位大學生。很多大學生之所以能夠像他一樣成功，主要是因為合理的自我評價，會讓他們表現出謙遜、乖巧、善解人意等良好品質，也能夠幫助他們在擇業中確立合適的期望值，對職位和薪資的要求更加理性。他們更充分的利用了學生身分的比較優勢，進而獲得其他身分所不具備的競爭力。

要想在競爭日益激烈的社會裡取得一席之地並非易事，然而成功也並不是可望而不可及。每個人身上都有著自己的閃光點，只要能夠將其發揮出來，就一定能獲得成功。比較優勢原則讓人們意識到只要善於並勇於發揮出自己的優勢，即使在別的方面有些不盡人意，同樣也能到達成功的彼岸。

但是有些人自認自己是天才，無論從事哪個行業，都覺得自己比別人做得好，他們甚至會驕狂地認為自己應該同時從事很多種行業，這樣可以為自己製造更強的經濟效益。但真的是這樣嗎？答案顯然是否定的。且不說狂妄的他們是否真的是天才（很多優秀的人物其實很謙遜），但從經濟學上來考慮，一個人從事多個職業或者行業，是極不經濟、低效的、影響總效用增加的行為。

經濟學原理告訴我們，交易能夠使人富裕。人們從事不同的職業，而後和不同職業的人交往，相互交易，在交易中各取所需，都有獲利。但只有真正專業化的人，才會在交易中讓自己擁有的比較優勢的地位更加鞏固。這也可以解釋為什麼社會會提倡專業化的人才，因為你做得越專業，所能創造的價值比之別人就越高。社會因為你創造的價值而發展，人們因與你進行價值交換而讓獲益增加。

我們用一個醫生的故事來解釋人才為什麼要專業化。以前，一名叫做艾肯的醫生具有多種疾病的治療能力，他不僅能夠給病人看牙、看內臟，甚至還能解除病人的心理疾病。後來，艾肯發現，隨著病人的逐漸增多，自己一個人無法從事如此種類繁多的事情，越來越窮於應付，不僅沒有了鑽研醫術的時間，而且還因為為了加快治療速度而降低了對單個病人的診療準確度。

無奈之下，他只好尋求合作夥伴。於是，他會找來七、八個同行，一起建成了一個綜合醫院。他們幾個人分工合作，有人負責牙科，有人負責精神科。這種專業化分工協作形式，不僅讓每一個醫生更加熟知自己的領域，醫術不斷得到提高，更為重要的是，經由合作，他們獲得了工作效率的提高。效率一高，效益就好，年底分紅時艾肯發現收入比以前自己單打獨鬥時翻了一倍。

這就是德國人才市場上一個專業的牙醫會比一個綜合的醫生更容易找到工作的原因。艾肯醫生的故事告訴我們：即便我們是天才，也需要在某一領域不斷強化自己的專業技能，提高自己的專業化水準，進而使自己的比較優勢更加明顯。同時，也只有瞭解自己比別人強的地方，發揮「比較優勢」，比較出自己在哪個行業發展更能發揮出更強勁的優勢，才可能做得更專業，才創造出更加獨特的職場價值。

11

合作是公司對員工的基本要求

一位資深的企業培訓師曾說過「成功靠別人，勝利靠團隊」，這話雖然有點激進，卻突顯了團隊精神在執行任務過程中的重要性。每年在美國籃球大賽結束後，常會從各個優勝隊中挑出最優秀的隊員，組成一支「夢幻隊」赴各地比賽，以製造新一輪高潮，但結果總是令球迷失望——勝少負多。

其原因在於他們不是真正意義上的團隊，雖然他們都是最頂尖的籃球種子選手，但是，由於他們平時分屬不同球隊，無法培養團隊精神，無法形成有效的團隊出擊。由此看來，團隊並不是一群人的機械組合。一個真正的團隊應該有一個共同的目標，其成員之間的行為相互依存，相互影響，並且能很好合作，追求團體的成功。

在強調分工合作和團隊精神的現代企業，要解決工作中的問題僅憑一己之力是不行的，一名員工，只有充分地溶入到整個企業和整個市場的大環境中，他的才能才可以充分地發揮，才能夠為企業創造最大的經濟效益。

井深大在剛進索尼公司時，索尼還是一個只有二十多人的小企業但老闆盛田昭夫卻對他充滿信心地說：「我知道你是一個優秀的電子技術專家，就像好鋼要用在刀刃上一樣，我要把你安排在最重要的崗位上——由你來全權負責新產品的研發怎麼樣？希望你能發揮團隊精神，充分地調動其他人。您這一步走好了，企業也就有希望了！」

「我？我還很不成熟，雖然我很願意擔此重任，但實在怕有負重托呀！」雖然深井大對自己的能力充滿信心，但是他還是知道老闆壓給他的擔子有多重，絕對不是靠一個人的力量能應付地過來的。

「新的領域對每個人都是陌生的，關鍵在於你要和大家聯手起來，這才是你的強勢所在！眾人的智慧合起來，還能有什麼困難不能戰勝呢？」盛田昭夫很自信地道。

井深大一下子豁然開朗：「對呀，我怎麼光想自己？不是還有二十多位員工嗎，為什麼不虛心向他們求教，和他們一同奮鬥呢？」

他找到市場部的同事一同探討銷路不暢的問題，他們告訴他：「磁帶答錄機之所以不好銷，一是太笨重，一台大約四十五公斤；二是價錢太貴，每台售價十六萬日元，一般人很難接受，半年也賣不出一台。您能不能往輕便和低廉上考慮？」井深大點頭稱是。

然後他又找到資訊部的同事瞭解情況。資訊部的人告訴他：「目前美國已採用電晶體生產技術，不但大大降低了成本，而且非常輕便。我們建議您在這方面下工夫。」他回答：「謝謝。我會朝著這方面努力的！」

在研製過程中，他又和生產第一線的工人團結合作，終於一同攻克了一道道難關，在一九五四年試製成功日本最早的晶體管收音機，並成功地推向市場。索尼公司由此開始了企業發展的新紀元！

深井大就好像一個足球隊的隊長，在企業中充分地發揮了靈魂的作用，調動了每一個員工的積極性，把團隊的力量發揮到了極致，終於取得了偉大的成就，圓滿地完成了老闆交待的任務，而他也榮升為索尼公司的副總裁。

現代企業不需要羅賓漢式的獨行俠，而是需要能夠與其他成員精誠合作，共同進退的員工。一個人如果善於同別人合作，即使自己能力上有欠缺，也可以取長補短，順利完成任務。相反，如果一個人的能力很強，但是不注重與其他成員之間的合作，就不能保證任務順利完成。

安妮和鐘斯同在一家傳媒公司的廣告部工作，有一天，經理羅伯特分別交給他們一項開發大客戶的任務，由於他們的任務很艱巨，所以在他們離開經理辦公室時，羅伯特還特意叮囑他們：「如果有什麼需要幫忙的話可以直接找我，同時要注意與其他部門的協調。」

安妮的業務能力一向很強，她在廣告部的業績經常名列前茅，她也常常因此感到驕傲，有時候同事們甚至覺得安妮已經驕傲得過了頭。離開辦公室後，安妮心想，「羅伯特有什麼能力，他只不過比我早到公司幾年罷了，我解決不了的問題就算拿到他那裡也沒辦法解決，再說，開發大客戶的任務怎麼和其他部門協調，其他部門怎麼懂得這種事。憑我自己的能力和智慧一定會完成這項任務的」。

鐘斯一向以謙虛好學著稱，他的業務能力略遜安妮一籌，不過在團結同事和謙虛的學習精神方面就大不如她了。走出經理辦公室以後，鐘斯就直接到公司企劃部和售後服務部向大家打了一聲招呼說：「過幾天我可能有一些問題要向大家請教，同時也需要大家的合作，我先在這裡謝謝大家了。」

鐘斯同時也想，安妮一向驕傲，但如果自己要想實現業務能力的提高就必須向她多學習；不到萬不得已的時候不會麻煩羅伯特先生，但在客戶溝通等方面自己確實需要羅伯特先生的大力相助。

這次的任務確實比以前艱難得多，透過向安妮和羅伯特先生的學習，以及公司其他部門的配合，鐘斯的任務完成了，也為公司帶來了好幾筆大生意。當然，公司也給了他優厚的獎勵，而且還讓他和其他部門的優秀員工一起到國外免費旅遊。

而安妮這邊雖然也聯繫到了一些大客戶，但因為她向企劃部交代的事項不清楚，導致客戶要的方案不夠詳細，所以有些客戶選擇了其他公司；有些客戶則因為沒有得到更多的服務承諾而離開了；還有一些客戶覺得安妮的公司不夠重視他們，因為他們從來沒有見過更高層的管理者和他們交涉。

「這些大客戶真是越來越難應付了。」安妮無可奈何地想，最後她只能聯繫一些小客戶以補償自己在這次任務中的損失。公司也因為沒得到那些本該屬於自己的大客戶而比競爭對手少得到了更多的利潤。

鐘斯和安妮的故事告訴我們一個道理，要完成老闆交待的任務就要注重和其他同事和各個部門的合作，單憑個人能力單打獨鬥是行不通的。

保羅・蓋蒂說：「我寧可用一百個人每人百分之一的努力來獲得成功，也不要用我一個人百分之百的努力來獲得成功。」在競爭激烈的年代，組織中的每個成員，若想順利完成上級交代的任務，想獲得成功，首先就要想辦法儘快融入一個團隊，瞭解並熟悉這個團隊的文化和規章制度，接受並認同這個團隊的價值觀念，在團隊中找到自己的位置和職責。

12 允許別人比你好，你才能更好

有一隻老鷹常常嫉妒別的老鷹飛得比牠高。有一天，牠看到一個帶著弓箭的獵人，便對他說：「我希望你幫我把在天空飛的老鷹射下來。」

獵人說：「你若提供一些羽毛，我就能把牠們射下來。」

於是這隻老鷹從自己的身上拔了幾根羽毛給獵人，但獵人沒有射中其他的老鷹。所以牠一次又一次地提供身上的羽毛給獵人，直到身上大部分的羽毛幾乎都快拔光了。這時，獵人轉身抓住牠，把牠殺了。

這隻容不得別的老鷹比自己飛得高的老鷹實在是太蠢了。可是生活中，有些人何嘗不是如此愚蠢呢？媒體上曾登載過這樣一篇報導：

嫉妒是一種缺陷心理，是以多種形式表現出來的一種變態情感，它包含著憂慮和疑懼、羨慕和憎惡、憤怒和怨恨、猜疑和失望、屈辱和虛榮。

從本質上說，嫉妒是看到與自己有相同目標和志向的人取得成就而產生的一種非正當的不適感。它是由於羨慕一種較高水準的生活或者是想得到一種較高的地位或者是想獲得一種較貴重的東西，但自己又未能得到，而身邊的人或站在同等位置的人先得到了而產生的一種缺陷心理。

在交往中，嫉妒往往有強烈的排他性，嫉妒心理出現以後，很快地就會導致嫉妒行為的產生，例如中傷別人、怨恨別人。而更強烈的嫉妒心理還有報復性，它把嫉妒對象作為發洩的目標，使其蒙受巨大的精神或肉體的損傷。

嫉妒心理出現以後，如果不能直接透過某種嫉妒行為達到目的時，就可能會轉而等著看嫉妒對象的「好事」，稍有一點挫折或失敗出現在對方身上時，他們便幸災樂禍，鼓倒掌、喝倒彩，以此挖苦對方，滿足日益膨脹的嫉妒心理需要。如果嫉妒對象是遭受到比較大的挫折時，他們更是樂不可支，不會給予半點同情和安慰。

實際上，嫉妒心理及相應的嫉妒行為除了暫時地平衡他們的心理之外，毫無可取之處。一方面，身受其害的嫉妒對象會遠離這個「作惡多端」的嫉妒者，旁觀者也會對嫉妒者的小人行徑不滿，嫉妒者以前建立的一些人際關係也可能因此變得緊張。另一方面，嫉妒者並不是一個勝利者，他們自己也承受著巨大的心理痛苦，在以後的交往活動中也會裹足不前，不敢與那些條件比自己優越的人交往。

聽一聽智者的箴言，讓我們再次認識嫉妒之害。

英國作家薩克雷說：「一個人妒火中燒的時候，事實上就是個瘋子，不能把他的一舉一動當真。」

亞當契斯說：「不要讓嫉妒的蛇鑽進你的心裡，這條蛇會腐蝕人的頭腦，毀壞人的心靈。」

羅素說：「善嫉的人，不但從自己所有的東西中拿掉快樂，還從他人所有的東西中拿走痛苦。」

雪萊說：「嫉妒的眼睛易受欺騙。」

培根說：「嫉妒忌會讓人得到短暫的快感，也能讓不幸更辛酸。」

海涅說：「失寵和嫉妒曾讓天使墮落。」

既然嫉妒如毒素，就要轉移它。你要明白，嫉妒實質上是在不知不覺中頌揚了自我。孤傲和自以為是，是進取心的大敵。一滴水成不了海洋，一棵樹成不了森林。任何事業的成功都少不了合作，而嫉妒卻總是會拆散所有的合作。因此，要克服嫉妒，你就要時刻提醒自己：只有你自己，將一事無成。

巴魯克說：「不要嫉妒。最好的辦法是假定別人能做的事情，自己也能做，甚至做得更好。」

記住，一旦你有了嫉妒，也就是承認自己不如別人。你要超越別人，首先你得超越自身。堅信別人的優秀並不妨礙自己的前進，相反的，它可能給你前所未有的動力。

其實，對於那些嫉妒他人才能的人來說，這嫉妒也大可不必。俗話說，「尺有所短，寸有所長。」每個人都有自己的長處，也有自己的短處，為何非拿自己的短處與他人的長處硬比，自添一份煩惱。嫉妒者不妨學學「田忌賽馬」，以己之劣「馬」對人之好「馬」，以己之好「馬」對人之劣「馬」，在工作和生活中發揮自己的獨創性，在別的方面發揮自己的才能，以己之長比人之短，說不定也能出人頭地呢。

當然，嫉妒他人者還可以化「嫉妒」為動力，用自己的奮鬥去消除與他人之間的差距，甚至超過他，或許別人也會對你羨慕不已。

13 故意爲對手叫好的人不會有敵人

當我們自己取得成功的時候總是興奮不已，希望有人為自己鼓掌。可是當你的對手，包括你的「假想敵」和「假想對手」取得成功的時候，你該怎樣去面對呢？是嫉妒還是欣賞？是大聲叫好還是不屑一顧？

成功的處世是要懂得欣賞你對手，為他叫好。尤其是你平日與他相處得很緊張、很不快樂的人成功了，這時候，你為他鼓掌，會化解對方對你的不滿和成見，改變他對你的態度，打開你們之間的死結，進而讓他下次不再與你作對。

清末，黎元洪在湖北時，一直位於張彪之下。張彪是張之洞的心腹，娶了一個張之洞心愛的婢女，人稱「丫姑爺」。但張彪嫉賢妒能，對黎元洪十分反感，加之當時報紙亦讚揚黎元洪而貶低張彪，張彪心懷不滿，常在張之洞面前進讒言，詆毀黎元洪。

張彪在進讒言的同時，還以上級的職位百般羞辱黎元洪，想讓黎元洪不能忍受恥辱而離開軍隊。張彪的手法非常惡劣，曾經在軍中將黎元洪罰跪，並當著士卒的面，將黎的帽子扔在地上。黎元洪忍受著百般欺辱，不動聲色，臉上毫無怒容，張彪也對他無可奈何。然而，黎元洪亦非甘為人下者。他明知張彪欺侮自己，卻不與之爭鋒，而是「平斂鋒芒，海涵自負，絕不自顯頭角，以防異己者攻己之隙」。

張之洞任命張彪為鎮統制官，但軍事編制和部署訓練卻要黎元洪協助張彪。張彪不懂軍事，黎元洪嘔心瀝血，為之訓練。成軍之日，張之洞前往檢查，見頗有條理，就當面稱讚黎元洪，黎元洪卻稱謝說：「凡此皆張統制之部署，某不過執鞭隨其後耳，何功之有？」張彪聽了黎元洪這話，心中十分感激，二人關係逐漸融洽。

一九〇七年九月，張之洞任軍機大臣，東三省將軍趙爾巽補授湖廣總督。趙爾巽看不起張彪，要以黎元洪取代張彪，黎元洪堅辭不肯。

同時，黎元洪又面見張彪，告之此事，建議他致電張之洞，讓張之洞為其設法渡過難關。張彪一聽，心中大驚，立即讓其夫人進京活動，張之洞來函才保全了他的職位。張彪對黎元洪十分感激，張之洞亦認為黎元洪頗有誠心。

張之洞很看重黎元洪的「篤厚」，歎謂：「黎元洪恭慎，可任大事。」實際上，黎元洪心裡清楚，雖然張之洞已離開了湖北，但在北京當軍機大臣，仍可影響到湖廣總督的態度，如果黎元洪在張之洞離鄂之後，即取其寵將職位以自代，不但有忘恩負義的嫌疑，甚至會影響自己的前途。

更為重要的是，黎元洪經由「忍」以及幫助張彪，使得張彪改變了對自己的態度，這樣，等於在湖北又添一個助手，有利於增強自己的實力，在關鍵時刻能夠幫自己的忙。

一九一一年十月上旬，瑞平出任湖廣總督，對黎元洪極不信任，但此時黎元洪與張彪關係早已改善，因此並未影響到黎元洪的官職。黎元洪故意為本有敵意的張彪較好，率先化干戈為玉帛，進而讓眼前的牆變成了一條路。

事情往往就是這樣，你為對手大聲叫好，用力多鼓掌，這種付出不會讓你有什麼損失，反而能給你帶來很大的利益。成功的處世，就要懂得為對手叫好，這樣對手也會為你所用。

PART

2

職場不NG

除了裝傻還得裝明白

工作有時並不只是工作本身

01 工作是一項人情系統工程

要想獲得人情，就要學會使用小手段。使用「小手段」有一個前提，必須真心與人交往。如果僅僅為了功利，那不僅於事無補，反而會招人討厭。在我們的工作環境裡，建立良好的人際關係，得到大家的尊重，無疑對自己的生存和發展有著極大的幫助。

每天在一個辦公室工作的人就好比待在一個範圍很小的圈子裡，近距離的接觸使得彼此之間的關係不得不親密起來。而新人剛剛到來的時候，很不容易跨進這個圈子，常常會有一種徘徊在圈外的孤獨感。

珊珊大學畢業後已經換了三次工作，雖然每次在一個地方待的時間並不是很長，她卻能和同事成為很好的朋友，並且在離開的時候讓人感到依依不捨。

珊珊認為，辦公室裡的同事關係也需要用一點心思來「經營」。初到一個新的工作環境，只有靠自己找機會增加與周圍同事的接觸，儘早與大家熟悉才能很快地適應新工作。除了工作中的接觸，珊珊還有她特別的「小手段」。

比如午間休息時到超市買一包漂亮的小糖果，回到辦公室後把它分發給每位同事，有的人即使不會吃糖，至少也會以一個微笑作為回報。如此過了不到一個月，珊珊便和同事們「打成一片」了，大家都親切地稱呼她「小兔子」（珊珊屬兔）。

出差或外出旅行時，一定記得會準備一些禮物送給公司同事。把帶回來的禮品送給每位同事和朋友，這是一個很好的聯絡感情的方法。俗話說，禮輕情意重，這份心意會讓你的同事感動。

毫無疑問，贈送給大夥薄禮一份是較理想、經濟的選擇，因為接受者和未獲得禮物者之間的差距將縮小。如果無法贈送全體同事，那麼在購買禮物時，就應該考慮到未獲得者的感受。如果購買高價禮物送給特定某人，此人和未獲得禮物者的差距將受到突顯。有時甚至會引起未獲得禮物者的反感，因此惡化自己的人際關係，這種負面效應會隨著某人所獲禮物價值越高而越大。所以，此種類型的禮物，不宜帶回公司送，應該私下以朋友的身分送給他。

對於上班族而言，禮物的贈送方法也是一項重要的能力。雖然大多數人總是無法避免地以上司為中心贈送禮物，那卻是一種蹩腳的方式。對於上司而言，部下在出差過程中獲得的成果遠比任何禮物更為重要。

所以，不如將禮物贈送給平時沒有出差機會的同事們。比方說，儘管和這次出差相關，卻未被當作計劃小組成員的同事們。換言之，應該為會計、人事、總務等管理部門的人購買禮物。其中尤其應對為你做出差費計算或保險安排的會計人員好好地表示謝意。

向同事求救，也是一個很好的拉近距離的「小手段」。我們在工作的時候，經常會遇到自己掌握不定的事情，有些事情可以採用偏於安全的方法處理，而有些事情是既要定性又要定量的，也許由於你經驗的缺乏不能做出最終的判斷，多一個人作參謀，就多一份安全感。更重要的是，經過「不恥旁問」，可以讓同事獲得被尊敬的感覺，改變了以自我為圓心的狀態，展示出合作的意向，彼此之間的關係會變得更加融洽。

少程畢業後被分配到一家大型醫院胸腔科，經過一年的實習，很快有了一些小名氣，一時科室之中讚美聲不止。但少程始終謹慎小心，生怕出現什麼紕漏。在整個科室之中，劉燁算是公認醫術水準高的了，但神情冷漠，很少有人找他，因為生怕遭到拒絕。

一次，少程接待了一位病人，既有結核病的症狀，又有些肺炎的表徵，而化驗需要三天後結果才會出來。少程猶豫不定是否要將病人送往隔離病房，但病人認為自己沒事，堅決不接受隔離安排。

於是，少程找了劉燁，請求幫忙。劉燁聽完情況後沒有吭聲。少程懇求說：「劉老師，您經驗豐富，對這種情況肯定比較在行，我得多向您請教。這件事情直接涉及醫院的安全性，您就幫一下忙吧。」劉燁聽到言辭懇切的請求，翻出了之前一個特例的病歷記載，詳細說明了判斷方法。少程在劉燁的幫助下，終於妥善地處理了這個奇特病例。

週末的晚上，少程專門請劉燁吃飯，談話間，劉燁說：「你們剛剛畢業沒有多長時間，經歷的特殊病例並不是很多，特殊的問題都被別人解決完了，又怎麼能夠鍛鍊自己呢？」少程連連點頭。

之後，劉燁對少程特別關照，少程的進步也非常的快，同事們說：「少程這小子，不知道怎麼把劉燁搞定的，真是交了好運。」

其實，少程的好運是自己爭取來的。劉燁的醫術雖高，但有些孤僻，所以很少有人敢向其請教，有醫術也只能自己悶在肚子裡，其實他非常希望能夠展示自己，獲得同事的尊敬。而少程的請教正好迎合了劉燁的這種心理，於是，雙方各取所需，合作愉快。

遇到難題向同事請教，會讓同事感到被重視和尊敬，進而改善與同事之間的關係，獲得好感。輕易不求人，這是對的。因為求人總會給別人帶來麻煩。但任何事物都是辯證的，有時求助別人反而能表示你對別人的信賴。你不願求人家，人家也就不好意思求你；你怕人家麻煩，人家就以為你也很怕麻煩。良好的人際關係是以互相幫助為前提的。因此，求助他人，在一般情況下是可以的。當然，這也是要講究分寸的，儘量不要讓人家為難。

遇到困難，你首先應該積極地改變自己的想法和做法，以求取得突破。如果經過證實，你已經無法自己解決，就不要羞於開口而錯失可能的幫助。誠實地提出你的問題，傾聽別人的回答，廣求建議。這樣，你將會發現別人是多麼樂意幫助你，你的問題順利解決了，同時也拉近了同事間的距離。

那些比你先來的同事，相對來說會比你累積了更多的經驗，有機會不妨聆聽一下他們的見解，從他們的成敗得失裡尋找可以借鑑的地方，這樣不僅可以幫助我們自己少走彎路，更會讓他們感到我們對他們的尊重。尤其是那些資歷比你長，但其他方面比你弱一些的同事，會有更多的感動；而那些能力強的同事，則會認為你善於進取，便會樂於關照並提攜你。

我們也常常會看到這樣的反例，有些人能力強，可是在公司裡自視甚高，不買那些老同事的帳，結果弄得老同事很反感，而這些老同事畢竟根基深厚，方方面面都會考慮他們的意見，因此關鍵時候你可能還會由此受挫，豈不是得不償失。

所以，對年長的同事，最好謙虛些、服從些。當然，尊敬是最起碼的，年長的同事往往是高你一輩的，經驗比你豐富得多。與他談話，切不可嘲笑其「老生常談」、「老掉牙了」，應該持尊重的態度。即使自己認為不正確也要注意聆聽，而後再提出自己的意見。

此外，對於年長的人，最好不要輕易問他們的年齡，因為有些人很忌諱這一點。所以，在與年長的同事談話時，不必提起他的年齡，而只去稱讚其成就，你的話肯定會溫暖他的心，讓他感到自己還年輕。

當然，不是什麼事情都要向同事請教，一些略微思考就能夠得出答案來的問題，不僅不會收到好的效果，還會讓同事看不起。

但是使用這些「小手段」有一個前提，就是你必須是真心誠意地與同事來往。如果僅僅為了功利的目的，那不僅於事無補，反而會招人討厭。在我們的工作環境裡，建立良好的人際關係，得到大家的尊重，無疑對自己的生存和發展有著極大的幫助。而且有一個愉快的工作氛圍，可以讓我們忘記工作的單調和疲倦，也讓我們對生活能有一個美好的心態。遺憾的是，我們常常聽到不少人對怎樣處理好辦公室裡的人際關係感到棘手，抱怨甚多。其實，只要我們為人正直，用心並努力，做個受人喜愛的同事並不是一件難事。

02 任何小事都是與人互動的大事

王樹林因患病住院治療，同事馬鐘明帶著一大包滋補品老遠跑去探望，讓老王大為感動。時隔不久，老馬家不幸遭受火災，損失不小。王樹林聞訊，立即抱病前去慰問，給老馬帶來了極大的安慰。其實，兩人本來關係一般，平時也少互動，但是，經過這兩次互訪後，雙方關係變得日益密切，逐漸成為一對肝膽相照的好朋友。日常交往中的這種心理效應，就是社會心理學上所說的「互酬效應。」

所謂互酬，顧名思義就是互相酬償、互相幫助的意思，是人與人在思想、感情、行為、利益等方面進行的「禮尚往來」。實踐告訴我們：密切、和諧的人際關係往往來自某種交換的均等和雙方的獲益，對等的互酬無疑會化解矛盾，增進理解，加深感情，讓彼此關係更為密切。

逢年過節、事業有成、結婚生育、喬遷新居等，人們互送禮物，以示祝賀；別人有事相求，你鼎力相助，他日你有困難，別人也全力以赴……這些都屬於人們在各自利益上的互相支持、幫助，展現了人間真情之所在。經由這樣的利益往來，人與人加深了瞭解，增進了感情。但這絕不該是一種權權交易或權錢交易，而應是一種真誠的、不含任何雜念的互相關心、愛護，是一種純潔高尚的友愛之情。

「互酬」的關鍵在於「互」字。人際交往是一種雙向的感情傳導，只有單方面的「酬」是不夠的，只有雙方都注意「酬」，都能給對方提供某種幫助，讓對方獲得某種需要的滿足，彼此關係才能有新的發展。如果對於對方的酬償，你老是無動於衷，無所回報，那就會在心理上挫傷對方，這種挫傷有時甚至會讓一對多年相交的好友帶來友情危機。

當恩格斯失去妻子，正沉浸在無限悲痛之中時，馬克思在給他的回信中只是輕描淡寫地送了幾句安慰話，這讓恩格斯極感傷心，立即去信表示不滿。馬克思為自己的一時疏忽深感後悔，重新去信向恩格斯表示歉意。偉人的交往尚且如此，一般朋友的交往更不能忽視「互酬」的心理效應了。

那麼，這是不是說要把商品經濟中的等價交換原則運用到人際交往中來呢？當然不是。可以肯定地說，這種互酬不可能是等價的、同步的。泰戈爾有句名言：「我的朋友，別讓我的友誼，成為你的負擔，須知快樂即在於對人的深情厚誼裡。」

人的一生必須交往，精神的和諧，個性的相融，行為的適宜，利益的互償，都能給人帶來友誼，但千萬不要讓你的友情成為別人的負擔。因為自己對朋友有所幫助，而抱怨朋友沒有回報自己，由此引起朋友的悔恨心理因而達到驅使他和利用他的目的，是十分可恥的。因為人際交往應是有原則的、健康的，不能如同市場上「一手交錢一手交貨」的買賣那樣。

生活中經常有這樣的人，幫了別人的忙，成全了別人的事就覺得有恩於人，於是有一種優越感，高高在上，自詡慷慨。這種態度是很危險的，常常會引發負面後果，那就是：幫了別人的忙，卻沒有增加自己人情帳戶的收入，正是因為這種驕傲的態度，把這筆帳抵銷了。記住：一種行為必然引起相對的反應行為。只要你有心，只要你處處留意給人面子，你將會獲得天大的面子。所以，幫忙時應該注意下列三個分寸：

一、不要讓對方覺得接受你的幫助是一種負擔。

二、要做得自然，也就是在當時對方或許無法強烈的感受到，但是日子越久越體會出你對他的關心，能夠做到這一步是最理想的。

三、幫忙時要高高興興，不可以心不甘、情不願的。如果你在幫忙的時候，覺得很勉強，意識裡存在著「這是為對方而做」的觀念，假如對方對你的幫助毫無反應，你一定大為生氣，認為：「我這樣辛苦地幫你忙，你還不知感激，真是太不知好歹了！」如此的態度甚至想法都不要表現。

如果對方也是一個能為別人考慮的人，你為他幫忙的各種好處，絕不會像打出去的子彈似的一去不回，他一定會用別的方式來回報你。對於這種知恩圖報的人，應該經常給他些幫助。

人際往來，幫忙是互相的，且不可像做生意一樣赤裸裸地、一口一個「有事嗎？」、「你幫了我的忙，下次我一定幫你！」。忽視了感情的交流，會讓人興味索然，彼此的交情也維持不了多長時間。

在多數情況下，人們嚮往的還是感情上的滿足補償，只要心中時時想到對方，真誠待人，就能贏得對方的信任和好感。如果你想維持某種人際關係，別忘了在「索取」的同時，也「奉獻」自己的所有，以保持關係中彼此的平衡。這正是古老「聖經」所言：「奉獻，爾後索取。」

03

你沒有資格向別人發火

憤怒使別人遭殃，但受害最大的卻是自己。有一次，成吉思汗帶著一幫人出去打獵。他們一大早便出發，可是到了中午仍沒有收穫，只好意興闌珊地返回帳篷。成吉思汗心有不甘，便又帶著皮袋、弓箭以及心愛的飛鷹，獨自一人走回山上。

烈日當空，他沿著羊腸小徑向山上走去，一直走了好長時間，口渴的感覺越來越重，但他找不到任何水源。良久，他來到了一個山谷，見有細水從上面一滴一滴地流下來。成吉思汗非常高興。就從皮袋裡取出一支金屬杯子，耐著性子用杯去接一滴一滴流下來的水。

當水接到七、八分滿時，他高興地把杯子拿到嘴邊想把水喝下去。就在這時，一股疾風猛然把杯子從他手裡打了下來。即將到嘴邊的水被弄灑了，成吉思汗不禁又急又怒。他抬頭看見自己的愛鷹在頭頂上盤旋，才知道是牠搗的鬼。儘管他非常生氣，卻又無可奈何，只好拿起杯子重新接水喝。

當水再次接到七、八分滿時，又有一股疾風把水杯弄翻了。依然是他的愛鷹幹的好事！成吉思汗頓生報復心：「好！你這隻老鷹既然不知好歹，專給我找麻煩，那我就好好整治一下你這傢伙！」於是，成吉思汗一聲不響地拾起水杯，再從頭接著一滴滴的水。當水接到快滿時，他悄悄取出尖刀，拿在手中，然後把杯子慢慢地移近嘴邊。老鷹再次向他飛來，成吉思汗迅速拿出尖刀，把鷹殺死了。

不過，由於他的注意力過分集中在殺死老鷹上面，卻疏忽了手中的杯子，因此杯子掉進了山谷裡。成吉思汗無法再接水喝了，不過他想到：既然有水從山上滴下來，那麼上面也許有蓄水的地方，很可能是湖泊或池塘。於是他拼盡氣力向上爬。當他終於爬上了山頂時，發現那裡果然有一個蓄水的池塘。

成吉思汗興奮極了，立即彎下身子想要喝個飽。忽然，他看見池邊有一條大毒蛇的屍體，這時才恍然大悟：「原來飛鷹救了我一命，正因牠剛才屢屢打翻我杯子裡的水，才讓我沒有喝下被毒蛇污染了的水。」

成吉思汗在盛怒之下殺死了心愛的飛鷹，明白了事情的真相而後悔莫及。如果他能忍住一時的怒氣……但是沒有如果，事情發生了就要承受結果，正如世上沒有後悔藥，所以在考慮好後果前，不要在衝動中出決定。

歐瑪爾是英國歷史上惟一留名至今的劍手。他與一個和自己勢均力敵的敵手鬥了三十年，仍不分勝負。在一次決鬥中，敵手從馬上摔下來，歐瑪爾持劍跳到他身上，一秒鐘內就可以殺死他。但敵手這時做了一件事——向他臉上吐了一口口水沫。忽然，歐瑪爾停住了動作，跟敵手說：「我們明天再打。」敵手糊塗了。

歐瑪爾說：「三十年來我一直在修練自己，讓自己不帶一點怒氣作戰，所以我才能常勝不敗。剛才你吐我口水的瞬間我動了怒氣，這時殺死你，我就再也找不到勝利的感覺了。所以，我們只能明天重新開始。」

不過，這場爭鬥永遠也不會開始了，因為那個敵手從此變成了他的學生，他也想學會不帶一點怒氣去作戰。

人生從某種意義上也是一場戰爭，而工作的戰果如何直接關係到我們的生存狀態優劣。我們帶著怒氣，滿腔衝動的怒火又怎能給我們驚喜的結果呢？當你想發火或衝動的時候，請三思而後行！或想想他人衝動時的可笑模樣。

任何時候衝動帶給你的都是毀滅性的災難，或無盡的悔恨！每當你冷靜下來的時候，你會責備自己因為衝動而喪失了一個合作的機會，失去一次升職的機會……總之，一個暴躁的人是無法讓老闆信服的，沒有人願意，也無人敢將自己苦心經營的事業交給一個動不動就脾氣爆衝的人。一個為小事就發怒的員工，無法獲得上司的信任。與此同時，損失的還有別的同事對你的評價，這些將直接影響到你與整個團隊的關係。

常言道：忍一忍，風平浪靜；退一步，海闊天空。不必為一些小事而斤斤計較。我們不提倡無原則的讓步，但有些事也沒必要「火上澆油」，那只會讓事情更糟，只會破壞你跟別人的感情。假如你發起脾氣來，對人家大罵一頓，你固然非常痛快地發洩了你的情感，但你想過這樣做的後果嗎？你刺耳的聲音、仇視的態度，能使他同情你嗎？除了讓人們疏遠你，你又能得到什麼呢？

也許，有的人認為只要自己有才華就可以傲視天下了。要知道，公司上下從來就不缺人才！缺少的是一份控制自我心態，一份屬於成功和卓越的心態！一旦你擁有它，與它為伍，你將成為一名從容淡定、冷靜的優秀員工。

小池是一名學業優秀的大學生，從小到大沒有受過什麼大的挫折，總是一帆風順，再加上由於學業優異父母以他為榮，他們的寵愛讓小池養成了剛愎自用的性格，容不得別人對他有任何的批評，還常常自我感覺良好。在上學期間，他沒有什麼知心的朋友。但是自以為是的他並沒有反省自己，而是認為別人不對。

到了工作的時候，他出色的儀表讓他當了經理助理，並負責對外聯絡。在一次工作時間，他接了個私人電話，由於興奮過度，不時發笑。聲音太大時，一個同事忍不住說了他一句：「說話小聲點好嗎？」他隨即掛了電話，臉上的表情是三百六十度大轉彎，幾乎是咆哮著喊：「我接個電話有那麼嚴重嗎！」誰知對方也不示弱：「這是辦公地方，要講電話去外面講！沒人該吃你那套！」一來二去，本來只是一點小事，演變成一頓惡吵，最後在大家的勸慰下才終止。

事後小池也很後悔，無奈拉不下面子道歉，工作也開始分心，總覺得同事都在背後議論他的不是，此事也成了他心中的一塊巨石。直到一天一位朋友說：

「大肚能容天下難容之事，寬容是最大的美德。」小池走向那位同事向他道歉時，內心也獲得一種從未有過的輕鬆和成就感！

控制情緒是一種能力，衝動是魔鬼！或許我們都遇到過別人因一點小事就撕破臉皮的事，有的甚至大打出手釀成悲劇。然而，事後想想為一點雞毛蒜皮的小事值得大動肝火嗎？冷靜下來的時候，我們不妨學學這位富人是怎樣控制火氣的。

有個富人一生氣就跑回家去，然後繞著自己的房子和土地跑三圈。後來，他的房子越來越大，土地也越來越廣，而一生氣，他仍會繞著房子和土地跑三圈，哪怕累得氣喘吁吁，汗流浹背。當他已經很老了，走路都要拄拐杖了，但生氣時還是堅持繞著土地和房子轉三圈。

一次，富人拄著拐杖繞房子走到太陽下山了還在走，他的孫子怕他有閃失就跟著他。孫子問：「爺爺！您生氣就繞著房子和土地跑，這裡面有什麼祕訣嗎？」

富人對孫子說：「年輕時，我一和別人生氣，我就繞著自己的房子和土地跑三圈，我邊跑邊想——自己的房子這麼小，土地這麼少，哪有時間和精力去跟人生氣呢？一想到這裡，我的氣就消了。氣消了，我就有了更多的時間和精力來工作、學習了。」

孫子又問：「爺爺！您年老了，成了巨富，為什麼還要繞著房子和土地跑呢？」

富人笑著說：「老了生氣時我繞著房子和土地跑三圈，邊跑我就邊想——我房子這麼大，土地這麼多，又何必跟人斤斤計較呢？一想到這裡，我的氣就消了。」

事實是工作中幾乎百分之九十九的事不用衝動發火，而剩下的百分之一是你發火也改變不了的狀態。既然如此，我們何不冷靜處理一切呢？眾所周知，人在失控時容易做出錯誤的判斷，只有保持冷靜的頭腦才能還你一個滿意的結果。

04

會吵的孩子有糖吃

眼淚往往被看成軟弱的象徵，可是在求人辦事的時候，它也能成為最有殺傷力的武器，側隱之心，人皆有之。面對涕淚哀求者時，人們都自然而然會把自己放在充滿優越感的強者的位置上，並且慷慨地施予自己的同情和憐憫。

不論中外，許多參加政治競選的候選人，最後使出的殺手鐧，除了採取「銀彈」攻勢外，通常採取哀求戰術，動員太太、小孩向選民們苦苦哀求，甚至下跪，說：「我丈夫（爸爸）選情危險，請救救他。」希望能以此博得選民的同情，拉抬聲勢，搶下中間選民的同情票。其實這是應用了心理學上「心理低位」

的方法，簡單地說就是：人都希望別人所處的位置比自己低，而自己高高在上，只要自己的優越感獲得了滿足，便會在無條件的狀況下答應許多事。

這種哀兵策略在求人時經常出現。像是業務員在推銷時一味請求對方；或是某賣方在二次降價後欲堅守價格，為了打破僵局，邀請買方去見他的上級主管。當買方人員走進房間，只見主管臉掛著愁容，一副病態，還可憐兮兮地說：「頭痛、胃痛、腰難受，被你們逼得心裡急。」如此一來，買方的立場再怎麼強硬、無情，也很難不被打動，進而動搖了自己最初的意圖。

磕頭流淚戰術確實是求人成事、推銷廣品時的一大勸說祕訣；但是除非不得已，別輕易使用這個殺手鐧。因為引人同情的哀兵策略偶一為之，往往具有出奇制勝的妙效。若是一個經常採取低姿苦求別人以博取同情的人，就像一個好手好腳卻在路邊向人行乞的年輕人，不但無法引起任何人的同情，反而會讓人覺得不值得同情，有時還會招來不屑和鄙視的眼光。

所以，我們在不得以的時候應用眼淚戰術的時候，也要運用戰術，所謂：「會吵的孩子有糖吃」，這是道道地地的「真經」。

有兩個同事工作都勤懇認真，但在分發宿舍時，一個老實口拙嘴笨，對上司只提了一次要求，已經結婚五年，但三口人還擠在一間老舊宿舍；但另一位卻三天兩頭地找上司訴苦，有空就撥撥上司腦子裡面分房的這根弦，結果被優先考慮，而他的那位老實的同事，則只能眼巴巴地看著別人住進了寬敞明亮的新宿舍。

有些人認為向上司要求利益，就肯定會與上司的利益發生衝突，給上司找麻煩，影響兩者的關係，也有人一心只想埋頭苦幹，任勞任怨，不講利益，只要上司重用，什麼都不敢提，結果往往也是竹籃打水一場空。做好本職工作是分內的事，要求自己該得的也是合情合理的，付出越多，成績越大，應該得到的就越多。

如果你不善於爭利，常常在評職稱、升職等方面被同事占了先，那麼你的上司心裡也會產生對你的不好印象，甚至認為你的能力差，活動能力不足，善良點的或許會產生一些憐憫的想法，但對你來說也無濟於事。所以，從這些方面來看，不爭利更能影響你和上司的正常關係，吃虧並不一定是福，該爭的還是要適當爭一下的。

只要你能為上司做出成績，向上司要求你應該得到的利益他也不會在這點小利上斤斤計較。如果你無所作為，業績平平，無論在利益面前表現的多麼大義凜然，上司也不會欣賞你。事實上，善於管理的上司也善於把利益作為籠絡人心、激發下屬的一種手段。可見，下屬要求利益與上司把握利益是一種積極有效的處理上下關係的互動手段。向上司要求利益大有學問，最重要的是要把握好火候和技巧。只要方法得當，你就能如願以償。

05

懂得請教才能獲得幫助

小李和小陸是同一所明星大學的畢業生，他們的成績都很優秀。兩人畢業後到同一家公司上班。一年以後，小陸被提升為部門主管，小李則被調到公司下屬的一家機構，職位沒有實權，地位明升暗降。為什麼呢？

他們分配到該單位後，上司各交給他們一件工作，並交代他們可以全權處理。小李接到任務後，做了精心的準備，方案也設計得十分到位。他一心投入工作，全然不記得要向上司請示一下。上司是開明的，既然說過讓他全權處理，自然也不干涉，但也沒有和下面人交代什麼。等到小李把自己的計劃付之於實踐時，各部門人員見他是新來的，免不了有些怠慢，小李心直口快，與一個人吵了起來，這可惹了麻煩，因為這人正好是公司總經理的親信。後果可想而知，他的工作處處受阻，最後計劃中途「流產」。

小陸接到任務後，經過周密分析調查，提出了若干方案給上司看，又對上司逐條分析利弊，最後向上司請教用哪個方案。這時，上司對他的分析已經信服了，當然採取了他所推薦的那個方案。這時他又問上司如何具體實施。上司說：你自己放手去做吧，年輕人比我們有幹勁。小陸連忙說，自己才剛來，一切都不熟悉，還得多聽上司的意見。

因為小陸的態度謙恭，意見又到位，上司很滿意，當即打電話給幾個部門的主管，要他們大力協助小陸的工作。因為有了上司的交代，小陸在實施自己的方案時又時時注意與各部門人員的協調，所以他的工作完成得又快又好。

孔子教導我們要「不恥下問」，但「上問」也是必不可少的。上司也許學歷不如你，某些方面的能力也不強，但是他能成為領導人，自然有他的長處，多向他請教不但能提高自己的能力，有助於做好工作，還能給對方留下良好的印象。一舉兩得，何樂而不為？

有人因為害羞而不敢向上司請教，有人因為自傲而不願向上司請教，有人害怕向上司請教會顯得自己沒水準……其實大可不必顧慮這些。多思勤問的人總會得到上司重視的：一是，你的提問顯出你對工作的熱情和思考；二是，你的提問顯出你的謙虛和誠懇。這樣的人誰會不喜歡？

06

做人有個性才不被擺佈

做人要有個性，不能成為人人都可以捏的「軟柿子」。

泰德是某出版社的職員，由於自己是從外地應聘來的，在工作中他處處小心、事事謹慎。對每位同事都畢恭畢敬，偶爾與同事發生點小摩擦，他從不據理力爭，只是默默地走開。大家都認為他太老實、太窩囊了，所以都不把他當一回事，以致於在許多事情上總是他吃虧。

想起兩年來同事們對他的態度，尤其在獎金分配上自己老是吃虧這些事，泰德心裡覺得很委屈，讓他不得不對自己的為人處世進行反思了。

有一天，辦公室的一位同事擅離職守遺失了東西。這位同事嫁禍於泰德，說是他代自己值的班。主任在會議上通報這件事時，泰德馬上站了起來，說道：

「主任，今天的事你可以調查，查一查值班表。今天根本就不是我的班，怎麼能說我不負責任。主任，有人是別有用心想讓我替他頂罪。並且，我要告訴你們，大家在一起共事也是有緣，我實在是不想和同事們爭來爭去了。以後，誰要再像以前那樣待我，對不起，我這裡就不客氣了。」

經過這件事，泰德發現同事們對他的態度有了明顯的轉變。他也抬頭挺胸起來，不想再扮演被人欺負的老實人角色了。人和人之間的機會是平等的，即使競爭也是如此。所以，要想在辦公室裡和別人一樣平等，就不能太過老實，像個軟柿子一樣，否則你就會成為別人欺負的對象。

隨著社會的發展，辦公室競爭也日趨激烈。如果你以一個「弱者」的姿態出現在辦公室，不但不會引起別人的同情，相反的，還會讓每個人都往你頭上踩上一腳。辦公室是智者、強者的用武之地，卻不是老實人容易生存的空間。所以，請收起你的懦弱，藏起你的老實，勇敢地面對競爭吧！只有競爭，才有進步和發展，才能創造出更好的成果。競爭是必然的，這都是正常的，因此我們要用積極的姿態去面對。

忍讓是老實人最大的特點。忍讓往往讓對方得寸進尺，直到令你忍無可忍。人的劣根性往往是得意忘形，哪裡有便宜就到哪裡去，誰好欺負就欺負誰。職場如此，人類社會亦如此，善良的人往往是被統治者。忍讓不是辦法，真正的辦公室生存法則是勇敢面對，從每一件小事開始做起，把握原則，堅持真理，別讓對方的無理越演越烈，直到無法收拾的地步。

在辦公室裡，時常會出現「欺軟怕硬」的現象。如果過於老實，你的前程將會出現很大的危機。在上司眼裡，一個連自我都保護不好的人，肯定是無法勝任重要部門的工作或擔任主管職位。所以說，怎樣才能不致因老實而成為受人欺負的對象是一門重要的學問。有人之所以受到欺負、刁難，往往是因為自己軟弱或辦事能力較差所致。要改變被人欺負的現狀，必須要強硬起來，與欺負你的人相抗爭，除此之外提高自己的辦事能力。這樣，那些原來欺負你的人就會收斂。

有些人認為「吃虧就是佔便宜」，吃點小虧沒什麼，用阿Q精神來安慰自己。但是，在奉行弱肉強食的辦公室，這種想法可行不通。你應注意自身修養，要做到勝任工作，守信用，不以個人情緒來左右工作，腳踏實地地工作。進攻才是最好的防守。一味忍讓，苦守在自己的城堡裡，總有一天會被敵人攻下。

惟一的辦法是主動出擊，打敗敵人，才能做到真正的防守。等你在辦公室樹立起你的尊嚴，展現出你的魄力，你就不會是一個人善人欺的受氣包、出氣筒，上司也會對你刮目相看，你的前途自然就不可限量了。

07 彎曲是一種處世境界

老子在《道德經》中有這麼一句話：「天下柔弱莫過於水，而攻堅強，莫之能勝，其無以易也。」學會彎曲是做人的一種境界，乃是高情商的象徵。

彎曲不是軟弱，而是堅韌，富有彈性，因而面對強手不會被對方摧垮，而是主動避其鋒芒，就在對手撲空沒來得及反應的時候，又已經攻到了對方要害。學會彎曲是越過成功的不二法門。人生之路，取得成功的機會有很多，成功之門往往就在你的面前，但有些人就因為成功之門沒有他想像中的那樣雄偉有氣勢就放棄了，甚至不屑一顧。其實門內卻有著無限的風光，只要稍微地彎下身來，成功就變得唾手可得。

孟買佛學院是印度最著名的佛學院之一，這所佛學院的特點是建院歷史悠久，擁有燦爛輝煌的建築，還培養出了許多著名的學者。還有一個特點是其他佛學院所沒有的，這是一個極其微小的細節，但是，所有進入過這裡的人，當他再出來的時候，幾乎無一例外地承認，正是這個細節讓他們頓悟，正是這個細節讓他們受益無窮。

這是一個很簡單的細節，只是人們都沒有在意：孟買佛學院在它的正門一側，又開了一個小門，這個小門只有一百五十公分高、四十公分寬，一個成年人要想過去必須學會彎腰側身，不然就只能碰壁了。

這正是孟買佛學院給它的學生上的第一堂課。所有新來的人，教師都會引導他到這個小門旁，讓他進出一次。很顯然，所有的人都是彎腰側身進出的，儘管有失禮儀和風度，但是卻達到了目的。教師說，大門當然出入方便，而且能夠讓一個人很體面很有風度地出入。但是，有很多時候，人們要出入的地方，並不是都有著壯觀的大門，或者，有大門也不是隨便可以出入的。這個時候，只有學會了彎腰和側身的人，只有暫時放下尊貴和虛榮的人，才能夠出入。否則，有很多時候，你就只能被擋在院牆之外了。

孟買佛學院的教師告訴他們的學生，佛家的哲學就在這個小門裡。其實，人生的哲學何嘗不在這個小門裡。人生之路，尤其是通往成功的道路上，幾乎是沒有寬闊大門的，所有的門都是需要彎腰側身才可以進去。

人們也常說「以柔克剛」，「太剛易折」，的確如此，為人處世、說話辦事均如此。含蓄、彎曲的表達更為人們所接受，沒有人喜愛太過直接的建議、批評等。在人際交往中，直言直語是一把傷人又傷己的雙面利刃，如果給別人提意見，我們可以採取一種婉轉的方法，避免傷害他人。

正翔是一家公司的中級職員，他的心地是公認的「好」，可是一直升不了職；和他同年齡、同時進公司的同事不是外調獨當一面，就是成了他的頂頭上司。另外，別人雖然都稱讚他「好」，但他的朋友並不多，不但下了班沒有「應酬」，在公司裡也常獨來獨往，好像不太受歡迎的樣子……其實正翔能力並不差，也有相當好的觀察、分析能力，問題是他說話太直了，總是直言直語，不加修飾，於是直接、間接地影響了他的人際關係。

其實，「直言直語」是人性中一種很可敬、很值得大家珍惜的特質，因為唯有這種直言直語的人，才能讓是非得以分明，讓正義邪惡得以分明，讓美和醜得以分明，讓人的優缺點得以分明。只是如果我們稍加思考便會明白，還是委婉一點表達自己的意願好。這樣也是為了便於讓他人接受我們的想法，而含蓄是讓他們先從態度上接受我們。

燕昭王初登王位的時候，燕國到處殘破不堪，他立志要讓燕國強大起來。燕昭王深知，要讓國家由弱變強，第一步就是要有真正具備治國能力的賢能之士參與國政。可是燕國一片凋零景象，賢能之士怎會聚集於此呢？他思賢若渴，親自登門向大臣郭槐請教招賢納才的方法。

他對郭槐說道：「我整天想的就是怎樣能讓燕國迅速強大起來，可又有誰能幫助我讓國家強盛起來呢？請您一定要替我出個主意，怎樣才能讓天下賢能之士都彙集到燕國來呢？」

郭槐說：「陛下先聽我講一個故事。從前有一個國君，特別喜歡千里馬，他懸賞了千金購置千里馬，可是一直等了三年，一匹千里馬也沒有買著。國君的一位門客就對國君說：『請國君將此事交付於我吧。我一定能圓滿完成任務。』國君當然高興，將千金交付門客，由他去買馬。不久，那位門客便興沖沖地趕回來，報告國君說，僅花了五百金就買了一匹千里馬。

國君大喜過望，忙令牽過來看。誰知一看不要緊，國君勃然大怒，原來門客買回的是一匹千里馬的骨骸。國君指著門客的鼻子大罵，說道：『我要的是活千里馬。你給我一匹死的有什麼用？』一定要嚴懲這位門客。

此時，門客卻不慌不忙地對國君說：『請君王息怒。依我看，人們只要知道陛下用五百金買下一匹千里馬的骨骸，那麼，如果世上真有千里馬的話，就一定會有人主動來獻給陛下的。』果然，國君用五百金購買死千里馬的消息傳開之後，不到一天，便有人主動登門，獻給國君三匹千里馬。那位國君終於遂了自己的心願……」

燕昭王似有所悟，對郭槐說道：「你的意思是……」

郭槐說：「如果陛下真想得到天下的賢能之士，那就請將我郭槐當作那匹死馬的骨骸吧。天下之人看到像我郭槐這樣沒有什麼真才實學的人都能夠得到陛下的重用，那些賢能之人肯定會紛紛投奔燕國的。」

燕昭王下令給郭槐建造一座十分精美的住宅，並且以師長之禮待他。另外，燕昭王還下令在國都內修建了一座高台，上面堆滿了黃金，稱之為「黃金台」，作為招求賢士的獎賞。燕昭王誠招天下賢士的消息傳開之後，各地人才紛紛湧進燕國。不到三年，越國的劇辛、洛陽的蘇秦、齊國的鄒衍、魏國的樂毅等都來到了燕國。正是依靠這些人，燕昭王實現了富國強兵的願望。

郭槐在春秋戰國人才輩出的時期，不能算是才能卓著的，但在勸燕昭王納賢這件事上做得卻很高明，不僅為燕國招來了許多賢才，也為自己謀得了榮華富貴，並且因此而青史留名。

在風中，小草容易彎曲，參天大樹則巍然挺立。然而，一陣狂風可以把大樹連根拔起，可是，不管風有多大，也不能把在狂風面前彎曲在地的小草連根拔起。能屈能伸是高情商者的超人之處，情緒的控制並非是對逆境永遠的堅貞不屈。屈者，比堅者有更大的柔韌性，因而也更易生存下來。

有人說「一個不成熟的男人是要為他的理想（事業）悲壯地死去，而一個成熟的男人則會為他的夢想卑賤地活著」，這其實就是關於彎曲的哲學。學會彎曲吧，為自己爭取多一點的生存空間，也為成功爭取到多一點的機會。

08

你的職場形象價值百萬

亞明是一名公司職員，當年他到公司報到時，穿得很隨意，亞明覺得那是個以技術為主的公司，不用太刻意打扮，而且他在公司實習的時候就發現，大家都很隨意，上班穿牛仔褲的也有，他覺得自己應該與大家「打成一片」。

結果去報到的時候，亞明發現跟自己一起到技術部的張傑一身西裝，讓人眼前一亮，他還開玩笑：「小夥子蠻帥的嘛！」其實亞明的心裡有點失落。

到行政部集合，看到大多數人和自己一樣，亞明的心理馬上就平衡了，但還是有些忍不住地在心裡笑話張傑，大熱天的，穿這麼多，真是給自己找罪受！

但是行政部的培訓主管好像不這麼看，他挺喜歡張傑的。張傑被指定為小組長，二十多天的培訓，他也確實幫著主管為大家做了不少事，很受好評。如果「張傑」是一個品牌，他的知名度和美譽度大幅度提升，而亞明呢，還是一個小牌子。

後來亞明去領工資，人家不知道他是哪部門的，他得說他是和張傑一起進公司的，人家才會明白。假如時光可以倒流，亞明會毫不猶豫地選擇穿西裝、打領帶。

服裝其實是一個信號，首先，說明你把到公司來上班當作很鄭重的一件事；其次，表明你是一個很重禮儀的人；第三，西裝使人更精神，讓你更容易被注意到，套用美學上的一句話——形式具有內容的涵義。

亞明的經歷也許能給初入職場的你提供一點教訓和參考：穿衣服不是小事，一定要重視，不管別人怎樣，你必須要表明你的態度，得體的著裝勝過千言萬語的表達。

穿著其實是一門學問，穿著得體，和周圍環境諧調，就會營造一種美的氛圍，否則反之。試想，如果在建築工地或工廠生產線旁突然出現一個西裝革履或濃妝艷抹的人（管理人員除外），你會以為他或她是個神經不正常的怪物；而如果在白領雲集的辦公大樓裡，你又突然穿一身龐克裝或袒胸露背的性感晚裝也定會令人為之側目，這是因為你的穿著與周圍的環境不諧調造成的。最要命的，是這種不合適宜的穿著很可能令上司反感而炒你魷魚呢！

除了在款式上不要太過新潮前衛、嘩眾取寵外，你還應注意以下幾點：

一、不要穿「名牌」，以避「兼差」之嫌

報載，日本現在的年輕人瘋狂崇尚名牌：穿衫要穿名牌衫，戴錶要戴勞力士，開車也要買雙B房車，人稱「名牌一族」，而他們自己卻自稱為「新貧族」。其實別說日本，此風於國內也悄悄興起，且有愈演愈烈之勢。很多沒有家室之累的朋友或「兼差一族」以穿名牌、用名牌為時尚。

但有道是「蘿蔔白菜，各有所愛」，本來穿名牌也無可指責，但如果遠遠超出了你的收入的話，就難免不讓老闆和同事們心裡犯嘀咕了。本來「兼差」是法律允許的，但從字面上講就是要祕而不宣地賺錢，又何必要讓上司和同事們知道呢？

如果你和上司的私交不錯，上司可能還會一眼睜一眼閉；如果早已視你為

眼中釘或想殺雞儆猴的話，那你老兄的飯碗可能就要搞砸了。

二、穿衣不是只給自己看的，要照顧別人的感受

辦公室的女士們的必修課之一是面對時尚，如何在辦公室裡穿出流行。春秋和冬天，一般而言套裝就能搞定，而夏天面對滿街的吊帶裙、露背裝，你如何把握自己？

茜茜是個驕傲的女孩，自恃業務能力強，是公司的紅人，夏天的時候總是把街頭的時尚帶到辦公室裡來。別人至少在吊帶外面罩一件小外套，但她就是耐不住裸露香肩的慾望似的。

女生們婉轉地說，妳這樣來上班，男同事光看妳就不用做事了。可是她依然無所謂，誰愛說什麼說什麼。別人知道她能簽下大單，不願意得罪她。男上司看她露得有點過火，也是客氣地勸她穿衣服的時候收斂一點、保守一點，但她還是我行我素。

男上司有想法了，不是因為他不喜歡女生穿吊帶，而是因為下屬不把他的話當一回事。年底，男上司藉故把她調到了另一個部門。

為暴露的穿著失去晉升的機會，聽起來好像不可能似的，但事實就是這樣。

大家喜歡或認可你穿成什麼樣，你還就得穿成什麼樣。因為穿衣服不是只給自己看的，要照顧別人的感受。

三、穿衣要分場合

在不同的時間和地點穿衣有著不同的要求，而從場合看，大致可以分為三類，即公務場合、社交場合和休閒場合。公務場合是指上班處理公務的時間。在公務場合，本身的著裝不可太強調個性，突出性別，過於時髦，或是顯得過於隨便，應當是既端莊大方，又嚴守傳統。最為標準的是深色的毛料套裝、套裝、或制服。公務場合不宜穿過於骯髒、折皺、殘破、暴露、透視、短小、緊身的服裝，以免給人印象不好。

社交場合是指人們在公務活動之外，在公共場所裡與其他人進行交際應酬的時間。在此場合中著裝要重點突出「時尚個性」的風格，既不要過於保守從眾，也不宜過分地隨便邋遢。

在參加宴會、酒會和舞會時，著裝時主要有時裝、禮服、具有本民族特色的服裝以及個人縫製的服裝。需要特別加以說明的是：在許多的國家裡，人們出席隆重的社交活動時，有穿禮服的習慣。所以在參加這樣的宴會，舞會和酒會時要注重禮服的規定。

在休閒場合中，講究的是「舒適自然，最忌諱穿的很正規。不礙身體健康，著裝完全可以無拘無束。就休閒場合而言，男女沒有太大的分界，運動裝、夾克、短袖、短褲等均可。

四、不要批評女性的衣著

俗話說得好：「女為悅己者容」，雖然，這句話放在這裡有曖昧的意思，但是它充分地說明了女性對自己外表的重視。凡是女人，大都非常在意自己的外貌、穿著打扮。作為她的同事，你一定要記住，千萬不要拿她的外表和穿著開玩笑，無論她長得多麼的難看，穿得多麼的不得體，也不要當面對她諷刺或者挖苦。

哪怕是簡單的開句玩笑，也不要把她的外貌或者穿著當作玩笑的題材，這很容易刺傷她。即便你在玩笑過後賠禮道歉，也沒有辦法減輕對方的傷害，對方會對你的玩笑話認真。

如果你這樣做了，當你們在工作當中需要合作的時候，作為女性特有的心理特徵，她會將她對你的不悅帶到工作當中，而對你的工作製造不良的影響。

而你，也就等於為自己的工作帶來了不必要的麻煩。

一般來說，當同事在閒暇時間聚在一起的時候，難免會對某個人評論一番，這是很常見的現象。雖然這只是男女之間的談笑，但是作為被評論的女性，如果知道了你們在評論她，心裡一定不會舒服的。她會認為你們是在嫌棄她，尤其當你們評論的是她的身材或者長相的時候，如果她各方面都很好，就還好；如果她是一個各方面都不盡人意的女性，她會非常的傷心，會因此對你們產生反感。

所以，當同事聚到一起的時候，最好談論一些有意義的積極向上的話題，不要談論你的女性同事。當別人談論的時候，你最好不要插嘴，以免影響你們的合作。畢竟，和女性同事在一起工作，彼此之間要建立良好的工作環境和工作氛圍，一切都應該以大局為重，不要因小失大。

每一個人對自己的容貌都非常的自信，不喜歡別人批評自己的長相。即便是對自己長相不經意的批評也是不願意的。一些在男性眼中無傷大雅的批評也會招來對方的白眼。

如果你總是在有意或無意間對同事的外貌大肆評論，實在是有失厚道。尊重女性的容貌或者穿著，這是一種體貼對方的表現，不只是男性對於女性如此，在任何情況之下，人與人之間的禮貌及尊重都是不可或缺的。

09

留有退路的人才更有出路

凡是有遠見的人都不會被眼前的得失所蒙蔽，在適當時機，都能為自己留條後路，為後來提供其大展宏圖的餘地，更是為自己留一條全身之道。

人們常說：「不給自己留退路」，這作為破釜沉舟，一往無前的精神體現是無可厚非的，而在現實生活中，往往充滿了變故與無常，勇往直前固然可敬，但也可能因此被撞得頭破血流，最終走到山窮水盡處。所以愛迪生就曾宣導：「如果你希望成功，就以恆心為良友，以經驗為參謀，以謹慎為兄弟吧！」

一隻狐狸不慎掉進井裡，怎麼也爬不上來。口渴的山羊路過井邊，看見了狐狸，就問牠井水好不好喝。

狐狸眼珠一轉說：「井水非常甜美，你不如也下來和我一起分享吧。」

山羊信以為真，還真的跳了下去，結果被嗆了一鼻子水。牠雖然感到不妙，但不得不和狐狸一起想辦法擺脫目前的困境。

狐狸不動聲色地建議說：「你把前腳趴在井壁上，再把頭挺直，我先跳上你的後背，踩著羊角爬到井外，再把你拉上來。這樣我們就都能得救了。」山羊同意了。

但是，當狐狸踩著山羊的後背跳出井外後，馬上一溜煙跑了。臨走前牠對山羊說：「在沒看清出口之前，別盲目地跳下去！」

山羊的錯誤之處在於太過輕信，無論是不加思索跳入井中，還是甘心為狐狸做「跳板」，決定都做得太過草率，根本沒考慮後果，沒有為自己留條退路，以防「萬一」，結果落得了可悲的下場。

現實生活中，這樣的例子也屢見不鮮。一些經營狀況不佳的企業，開出優厚條件，吸引精英加盟其中，以求拯救企業。然而，當企業走出困境後，老闆卻過河拆橋，拒不兌現當初的諾言。寓言中的這口井好比是陷入困境的企業，狐狸好比老闆，山羊則是新員工。山羊的經歷提醒我們，在跳槽或尋找工作的時候，一定要弄清楚企業的底細和老闆的真實想法，為自己留好退路。否則，你就可能成為那隻倒楣的山羊。

人生是一段漫長的攀登之旅，對自己熟悉的路，可以做進一步的打算，比如往旁邊小徑走走，看看周圍有沒有新的風景。對不熟悉的路，則要做退一步的打算，在每個岔路口都做個記號，好知道怎麼下山。

只有那些知道退路的人才能攀上巔峰。子曰：「君子有不幸，而無有幸；小人有幸，而無不幸。」人無完人，能做到完成自己定的目標，不要過於苛求更高的目標。因為當你爬得越高，可能會摔得越疼。好多事情要知道給自己留一條退路才可以攀上人生的最高峰。

無論何時，都應該為自己留一條退路，一個人一旦孤注一擲地丟掉原本屬於自己所有的東西，就有可能失去一切。「狡兔三窟」，做事留有餘地，給自己保留一條退路，就不至於落得一敗塗地的下場。記得提醒自己事情不能做盡做絕，如同話不能說盡說絕一樣，不是傷人就會被別人傷。當事情做到盡處，力、勢全部耗盡，想要改變就難了。

人生變故，猶如水流；事盛則衰，物極必反。這是世事變化的基本公式。世事既然如此，做人也就應該處處把握恰當的分寸，永遠給自己留下一條退路。俗話說：「月盈則虧，水滿則溢。」凡事留有退路，才可避免走向極端。特別是權衡進退得失的時候，更要注意適可而止，儘量做到見好就收，防患於未然，牢牢握住對日後人生的主導權。

10 過度自我表現會讓熱忱變虛偽

吉米是一家大公司的高級職員，平時工作積極主動，表現很好，待人也熱情大方，跟同事關係也不錯。但有一天，一個小小的動作卻讓他的形象在同事眼中一落千丈。那是在公司會議室裡，當時好多人都等著開會，其中有一位同事覺得地板有些髒，便主動拖起地來。

而吉米似乎不怎麼關注，一直站在窗台邊不停地往樓下看。突然，他走過去堅持拿走同事的拖把替他拖地。本來地板差不多已拖乾淨了，根本不需要他的幫忙，可是吉米卻執意要求，那位同事只好把拖把給了他。

剛接過拖把不一會，總經理推門而入，看到的是吉米正勤懇地拖地，很欣賞地誇獎了他一番，一切似乎都不言而喻了。然而從此以後，大家在看吉米時，就覺得他為人好假。即使那次之後，他解釋了好多次，但以前的良好形象已經被這個小動作一掃而光了。

在工作中，往往有許多人掌握不好熱忱和刻意表現之間的界限。不少人總把一腔熱忱的行為演繹得看上去像是故意裝出來的，這些人學會的是表現自己，而不是真正的熱忱。真正的熱忱絕不會讓同事以為你是在刻意表現自己，也不會讓同事產生反感。

在需要關心的時候關心同事，在工作上該出力的時候全力以赴，才是聰明的表現。而不失時機甚至抓住一切機會刻意表現出自己「關心別人」、「是上司的好下屬」、「野心勃勃」，則會讓人覺得虛假而不願與之接近。

有人說：「自我表現是人類天性中最主要的因素。」人類喜歡表現自己就像鳥類喜歡炫耀美麗羽毛一樣正常。但刻意的過度自我表現就會讓熱忱變得虛偽，自然變得做作，最終的效果還不如不表現。

很多人在其談話中不論是否以自己為主題，總有突顯自己的表現。這種人雖說可能被人高估為「具有辯才」，但是也可能被認為是「口無遮攔顯得輕浮」，或經常想要「引人注目」等，暴露出其自我顯示欲的否定面，常讓別人產生排斥感和不快情緒。

據說邱吉爾雖然平日愛用誇張的詞彙來自我表現，但是在關鍵時刻他卻會用英語說：「我們應該在沙灘上奮戰，應該在田野、街巷裡奮戰，應該在機場、山岡上奮戰——我們，絕不感激投降。」請注意，他說的是「我們」，而非「我」，這才是真正正確的表現方式。

後者給人以距離感，前者則讓人覺得較親切。「我們」代表著「你也參加的意味」，往往讓人產生一種「參與感」，還會在不知不覺中把意見相異的人劃為同一立場，並按照自己的意圖影響他人。善於自我表現的人從來杜絕說話帶「嗯」、「哦」、「啊」等停頓的語氣詞，這些語氣詞可能被人感覺對開誠佈公還有猶豫，也可能讓人覺得是一種敷衍、傲慢的習氣，而使人反感。

真正的展示教養與才華的自我表現絕對無可厚非，只有刻意地自我表現才是最愚蠢的。卡內基曾指出，如果我們只是要在別人面前表現自己，讓別人對我們感興趣的話，我們將永遠不會有許多真實而誠摯的朋友。

在辦公室裡，同事之間本來就處在一種隱性的心照不宣的競爭關係之下，如果一味刻意表現自己，不僅得不到同事的好感，還會引起大家的排斥和敵意。不恰當表現的另一個行為，就是經常在同事面前顯示自己的優越性。

日常工作中不難發現這樣的同事，其人雖然思路敏捷，口若懸河，但一說話就令人感到狂妄，讓別人很難接受他的任何觀點和建議。這種人多數都是因為太愛表現自己，總想讓別人知道自己很有能力，處處想顯示自己的優越感，進而能獲得他人的敬佩和認可，結果卻是失掉了在同事中的威信。

法國哲學家羅西法古有句名言：「如果你要得到仇人，就表現得比你的朋友優越吧；如果你要得到朋友，就讓你的朋友表現得比你優越。」在同事之間的交往上，相互之間應該是平等和互惠的，所謂「投之以桃，報之以李」。

而那些妄自尊大，高看自己，小看別人，過分自負的人總會引起別人的反感，最終會在交往中讓自己走到孤立無援的地步，讓別人都對他敬而遠之，甚至厭而遠之。

辦公室裡，人人都希望能得到別人的肯定性評價，都在不自覺地維護著自己的形象和尊嚴。如果某位同事的談話過分地顯示出高人一等的優越感，這無形之中是對他人自尊和自信的一種挑戰與輕視，排斥心理，乃至敵意也就不自覺地產生了。所以，切忌過度表現自己，尤其是在同事面前。

11

不亮底牌才能玩好手中的牌

一件極其珍貴的寶物，如果你拿出來向別人炫耀，很可能從此永無寧日，甚至有失去的危險。做人亦是如此，輕易炫耀，暴露你的全部，很容易讓自己失掉了根基，甚至遭受致命的打擊。因此，無論在什麼時候，永遠不要將自己的底細和盤托出。

傳說，上帝創造世間萬物之初，貓的本領比老虎大，於是老虎就偷偷拜貓為師。經過一番勤學苦練之後，老虎的本領變得十分了得，成了森林之王。照理來說，功成名就的老虎該心滿意足了，可是老虎總覺得拜貓為師的事不光彩，怕傳出去後受百獸譏笑，於是就起了殺師滅口之心。

有一天，老虎終於向貓下了毒手，窮追猛咬，試圖將貓置於死地，情急之下貓一下子跳到了樹上，任憑老虎在樹下張牙舞爪咆哮也無可奈何。嚇出一身冷汗的貓說：「幸虧我留了一手，不然今天就要死在逆徒之口了！」

這是一個老掉牙的故事，值得我們注意的是故事蘊涵的哲理，隨時提醒我們留一手是很有必要的，而且也是很有好處的。為什麼故事中的貓能逃脫虎口，原因是牠沒有亮出自己最後的一張底牌，留了上樹這一手！

為人處世也是這樣，應該儘量設法保持自己的神祕，輕易亮出自己底牌的人讓別人按牌來攻，肯定會輸掉。即使對方是貌似忠厚的老實人，也不可全拋一片心。碰上貌似老實的人，人們往往一見如故，把「老底」全都抖給對方，也許會因此成為知心朋友。但在現實中，更多可能的情況是：你把心交給他，他卻因此而看扁你，更有甚者還打起了壞主意，暗算於你。到時候，吃虧受傷害的就是你自己。

李廠長出差的時候在火車上遇見一位商人，二人一見如故，互換了名片。這位港商舉手投足之間都顯示出一種貴族氣質，這讓李廠長對其身分毫不懷疑。

恰巧二人的目的地相同，港商又對李廠長的產品非常感興趣，似有合作意向，李廠長便與之同住一個飯店，吃飯、出行幾乎都在一起。

這一天，李廠長與一客戶談成了一筆生意，取出大筆現金放在皮包裡。午飯後與商人在自己屋裡聊天，不久李廠長起身去廁所，回來時出了一身冷汗：商人和那個裝滿錢的皮包都不見了！

李廠長趕緊報警，幾天後案子破了，罪犯被逮捕後才知道，原來他並不是什麼商人，而是一個職業騙子。這讓李廠長對自己輕易相信他人、交出自己底細的做法痛悔不已。

社會上，像李廠長這樣上當受騙並非偶然。把自己的底牌掀起來給別人看，人家對你的底細瞭解得一清二楚，知己知彼，打敗你豈不是輕而易舉嗎？

所以，任何時候都要留一手，不要和盤托出全部真情，並非所有真相皆可講，要有自我保護和防守的意識。最實用的知識在於掩飾之中，輕易亮出自己底牌的人往往會成為輸家。

職場不NG

PART

3

職場不NG

除了裝傻還得裝明白

只有老闆喜歡你，這不是好消息

01 適當露臉也是種才華

有時候，我們會憤憤不平：為什麼他通過了面試，順利的進入了公司，而我卻被拒之門外？為什麼他學歷比我低，薪資卻比我高？同時進入一個公司，也同樣的優秀，為什麼升職的是他而不是我？兢兢業業工作了很多年，還是一個普通的職員，而他來公司僅僅半年就被升為主管，等等，所有的這一切讓你失望，迷妄，但不知你有沒有想過個中原因？

有一家大型企業到某高校招聘人才，畢業生們非常踴躍，偌大的禮堂座無虛席。首先，人事主管對集團概況、發展簡史、招聘單位與要求等一一做了介紹。這家企業在國內久負盛名，這次招聘開出的待遇條件也相當優厚，未來發展前景非常良好，不少畢業生都很動心，在台下認真地做了記錄。

突然，坐在一旁的總經理開口說道：「哪位同學覺得自己能夠勝任這份職務，現在就可以做個自我介紹。」立刻，會場變得鴉雀無聲，眾目睽睽之下，誰也不想「出風頭」。何況萬一人家覺得自己不合適，這豈不是白白丟臉了。

總經理非常驚訝，在這些年輕人身上竟看不到一點「初生牛犢不怕虎」的闖勁。失望之際，一個男生從後排站起來，他的臉漲得通紅，看上去非常緊張，他結結巴巴地說：「您……您好。我是……管理學院……管……管」，「管」了半天，周圍的同學開始竊笑。總經理溫和地說：「沒關係，你先放鬆一下，再介紹一次。」他靦腆地笑了笑，停了一會兒，這才開口說道：「對不起，我太緊張了。我是管理學院工商系的學生，我覺得自己可以勝任這份工作。貴公司是一家實力雄厚的企業集團，如果能夠得到這個機會，我一定會發揮所學，盡我最大努力，做好工作。」

總經理點點頭，示意他坐下。他拿過麥克風，對台下說：「我不瞭解這位同學的詳細情況，但我可以告訴他，他被錄取了。他身上有你們很多人缺少的東西，就是勇氣。在機遇到來時，大膽表現自己，這就是勇氣。年輕人不能沒有勇氣啊，我們的企業就需要這種積極向上、無所畏懼的青春力量。」

台下的竊笑早就停止了，大家都陷入了深深的思索，而更多的則是懊悔。為什麼自己無法站起來展示自我呢？與其說是人家幸運，還是多從自己身上找問題。

結合上面這個例子，再仔細觀察一番，你就會發現，其實這跟一個人的表現欲有很大關係。幾個人的業務水準都差不多，但善於表現的那個人總是爬的比較快，獎金發的比較高。

其實表現欲不是「出風頭」，不成熟，不穩重的自我表現，就會讓自己處於尷尬的境地。所以，自我表現就要把握好原則，具體如下：

一、推薦以對方為導向

在推薦自己的時候，注重的應該是對方的需要和感受，並根據他們的需要和感受說服對方，被對方接受。某重點高校學生琳琳，個性外向，多才多藝。她聽說一家知名刊物招聘記者，便立即前去面試，誰知由於準備工作不足，她對該刊物缺乏瞭解，回答此類問題時張口結舌，儘管她成績很好，也很聰明能幹，卻沒能贏得總編的好感。琳琳的自我表現因為導向錯誤而歸於失敗。

二、不要害怕失敗

人有百號，各有所好。對人才的需求也是這樣。假如你儘管針對對方的需要和感受仍說服不了對方，沒能被對方所接受，你應該重新考慮自己的選擇。但是不要因為一次失敗便失去自我表現的勇敢。你應該調整的是你的期望值，而不是自我表現的態度和方法。

三、掌握一些方法

人們透過面對可以取得推薦自己、說服對方、達成協議、交流資訊、消除誤會等功效。自我表現時，應注意和遵守以下法則：依據面談的對象、內容做好準備工作；語言表達自如，要大膽說話，克服心理障礙；掌握適當的時機，包括摸清情況、觀察表情、分析心理、隨機應變等。

四、要有自己的特色

表現自己必須先從引起別人注意開始，如果別人不在意你的存在，那就談不上表現自己。那麼，如何引起別人的注意呢？關鍵是要有自己的特色。這裡所謂特色，就是你個人的風格、特點、優點、長處，那些有別於旁人的，不流於俗的東西，你盡可以大膽展現出來，定會令人眼前一亮。

五、應知難而退

在表現自我時，如果發現時機不對或者對方無興趣，就要「三十六計，走為上策」。這時候，表現要冷靜，不卑不亢地表明態度，或者自己找個台階下，給人留下明理的印象。

表現自己是一種才華、一種藝術。有了這項才華，你就不愁吃，不愁穿了，因為當你學會了推銷自己，你幾乎可推銷任何值得擁有的東西。所以，如果你想在職場中獲得成功，就必須善於表現自己。

02

上司不希望下屬的風頭過旺

畢業於名校、能力出眾的蘇明剛到單位工作時，為了突出自己的能力，不僅把自己的工作做好，還處處幫助同事。一開始，同事們是很喜歡他的，可是後來他發現同事們個個都開始疏遠他，部門主管也時常刁難他，這一切讓他一頭霧水。

後來聽到同事在背後的「議論」才發現，自己在他們眼裡「鋒芒畢露、爭強好勝，看似幫助同事，實則在為自己的功勞簿上添功」。同事小陳說：「他這個人雖然沒有害人之心，但太過於表現自己了，總把別人看成自己的競爭對手，而想方設法壓倒別人，特別是有上司在場的時候他更這樣。那次，我的電腦遇到了一個小問題，我叫錢姐幫忙，當錢姐正在幫我做事的時候，蘇明卻跑過來搶了錢姐手裡的工具修起了電腦，還說『這麼簡單的事都不會做，真笨』。雖然電腦是修好了，但我心裡一點也不舒服，人家又沒叫你來幫忙……」

蘇明聽了這些話，心頭一涼，原來自己在他們眼裡是這種人啊！

很多人都認為，剛工作時一定要突出自己的能力，只有這樣才能坐穩自己的位置，因此，在工作就得處處爭強好勝，把自己的能耐表現出來。但他們沒有想到「欲速則不達」、過猶不及，處處鋒芒畢露只能引起同事的反感。

在現實生活中存在著這樣一種自視頗高的人，他們銳氣旺盛，鋒芒畢露，處事則不留餘地，待人則咄咄逼人，有十分的才能與智慧，就十二分地表現出來。他們往往有著充沛的精力、很高的熱情，也有一定的才能，但這種人卻往往在人生旅途上屢遭波折。

鋒芒畢露者的人在為人處世方面少了一根弦，以致屢屢在新的人際關係圈子中不能處理好包括上、下級關係在內的各種關係，加上在工作上又不注意講究策略與方式，結果不僅妨礙了將個人的才能最大限度地服務於社會，還招來了多種誹謗影射、妒忌猜疑和排擠打擊。隨著時光的流逝，這種人最後沒有因鋒芒畢露而走向成功，卻因屢受挫折而一蹶不振，鋒芒沒了，前程也沒了。

因為表現得鋒芒畢露、急於求成，凡事都要爭個「先手」，有時動不動還要來個「搶跑」。過早地掀起和捲入競爭，也會形成某些潛在的被動。

其一，是無形中將自己放在一個較高的起點和定位上。因為你處處顯露自己的才幹和見識，人們就會產生一種心理定勢，認為你總能比別人強。一旦你有遺漏和失誤，別人輕則說你還欠火候，重則落井下石，幸災樂禍地說這是自高自大的最好報應。

其二，會過早地捲入升遷之爭。升遷之爭存在的一個普遍規律便是淘汰制，經由不斷地淘汰來實現金字塔式的職位升遷。過早地進入這個程式，就意味著有可能過早地遭到淘汰。況且有時的淘汰有可能是一種機遇和運氣，有時會是人際關係失衡後一種權宜的矯正，更甚或是一種不公平不光彩的人為私欲的黑箱操作和利益交換。過早地捲入，可能會成為無辜的犧牲品。

其三，是根基不穩，雖長勢很旺，但經不住風撼霜摧。倘若你沒有厚積薄發的底牌，卻一古腦兒地將十八般武藝悉數亮將出來，便是應了那句忌語：「好話不可說盡、力氣不可用盡、才華不可露盡。」一旦成強弩之末，連魯縞都穿不過，那肯定會被嗤之以鼻，逐出場外。

有時，人們要學會適當地犯一點無傷大雅的小錯誤，不要在人前顯得過於完美，犯些小錯，可以避免讓人認為你太過於完美，而蓋住了別人的光芒，進而引起別人的嫉妒，讓對方的虛榮心得以滿足。

作家霍伊拉在《成功的推薦自我》一書中說：「如果你具有優異的才能，而沒有把它表現在外，這就如同把貨物藏於倉庫的商人。顧客不知道你的貨色，如何叫他掏出錢包？各公司的董事長並沒有像X光一樣透視你大腦的組織。積極的方法是展現你的鋒芒，如此才能吸引他們的注意，進而判斷你的能力。但是，當你施展自己的才華時，也就埋伏下深深的危機。所以，才華是不可不露但更不可畢露的，適可而止吧。很多聰明人在成功時激流勇退，在輝煌時退向平淡，就是表示自己不想再露鋒芒，免得從高處摔下來。」

洪應明在《菜根譚》中再三複述的君子不可太露其鋒芒的思想，有其合理之處。「不可太露其鋒芒」，並不是銷蝕鋒芒，而是指人應隱其鋒芒，不要恃才恃權恃財而驕咄咄逼人，因而使個人更易被注重秩序與習俗的社會所接受，以免身受背後之箭的害，以免引至那些無謂的煩惱與挫折，其實這也是一項強化自己的學識、才能和修養的過程，有利於培養門己處理好各種人際關係的能力與技巧，是放棄個人的虛榮心而踏實地走上人生旅途的表現。

03

老闆不喜歡你比他更優越

一個懂得做人的人知道，當自己的人生處於得意之時，不能得意忘形，尤其不在上司面前顯露，這樣才既不傷人，也不會激起對方的嫉妒之心。我們如何在得意之時降低上司的嫉妒之心呢？以下是有效淡化自己優位的技巧：

一、言及自己的優位時，應謙和有禮以淡化優位

人處於優位自是可喜可賀的事。加上別人一提起一奉承，更是容易喜形於色，這會無形中加強別人的妒忌和厭惡心理。所以，面對別人的讚許恭賀，應謙和有禮、虛心，這樣不僅顯示出自己的君子風度，淡化別人對你的嫉妒，而且能博得人們對你的敬佩。

「玉明畢業一年多就升上了銷售主管，真棒啊！」在外商工作的朋友子原十分欽佩地說。

「沒什麼，老兄你過獎了。主要是我們長官和同事們抬舉我。」玉明見同一年大學畢業的俊峰在辦公室裡，便壓抑著內心的喜氣，謙虛地回答。俊峰雖然也嫉妒玉明的提拔，但見他這麼謙虛，氣也順了不少，也就笑盈盈地主動招呼玉明的朋友子原：「來玩了？請坐啊！」

不難想像，玉明此時如果說什麼「憑我的水準和能力早可以提拔了」之類的話，那麼俊峰不妒忌死了，進而與玉明難以相處才怪。

二、突出自身的劣勢，故意示弱以淡化優位

如同「中和反應」一樣，一個人身上的劣勢往往能淡化其優勢，給人以「平平常常」的印象。當你處於優位時，注意突出自己的劣勢，就會減輕妒忌者的心理壓力，產生一種「哦，他也和我一樣無能」的心理平衡感覺，進而淡化乃至免卻對你的嫉妒。

比如，你是大學剛畢業的職場新人，卻能對該行業表現出高準確精深的把

握，顯示出銳不可當的勢頭，這無形會引發他人對你的強烈妒忌。這時，你若坦誠地公開、突出自己的劣勢：工作經驗一點都沒有，再輔以「希望同事們多多指教」的謙虛話，無疑將有效淡化自己的優位，襯出對方的優位，減輕弱化他人對你的妒忌。

三、不宜在優位者的同事、朋友面前特意誇獎優位者

顯然，誰都希望處於優位而得到他人的誇獎，但事實上總會有懸殊的差別。當同事、朋友各方面條件都差不多，其中有人處於優位，別人若不提及，有時還不覺得。一旦有人提起，其他人聽了就不好受，難免會妒火中燒。所以，作為不會對此妒忌的旁人，一定不要在優位者的同事、朋友等多人面前特意誇獎優位者。否則，不僅會引發和加強其對優位者的妒忌，還可能同時妒忌你與優位者的「密切關係」，並認為你這是故意打擊他。

某單位宣傳幹部宏文在較有影響的報刊上發表了幾篇理論文章。團委小高在工會宣傳幹事面前羨慕地誇獎道：「宏文真是不錯，最近又有一篇文章在某某刊物上發表了！」

宣傳幹事頓時斂住笑容，酸溜溜地說：「他有那麼多閒工夫，發兩篇文章有什麼了不起？哼！」

小高見狀，自知失言，讓宣傳幹事覺得掛不住面子了，只好尷尬地點頭笑了笑，走出工會辦公室。

這裡，小高就是犯了大忌：在可能產生嫉妒的敏感區偏偏又增添了引發妒忌的「發酵劑」。

四、切忌在同性中談及敏感的事情

女性之間的妒忌多半因容貌而起。女人愛妒忌，妒忌可以說是女人的明顯特徵之一。而女人又往往因為容貌姿色才處於優位。所以，女人對容貌、衣著以及風度氣質所帶來的愛情生活、夫妻關係等相當敏感，很容易產生妒忌。

比如，一個女子因有一張漂亮的臉蛋而被不少小夥子包圍著，那些容貌平平的沒有人追求的女子，自然會對她產生妒忌。這時，你作為男性，千萬不要在女性之間當面誇讚其中某一女子：「某某真漂亮！」「某某真會穿衣服！」這不僅會引起其他女性的妒忌，而且會對你產生一種莫名的敵意。

男性之間的妒忌大多因名譽、地位、事業所致。男人對社會活動能力、工作業績、創造手段等最為關注，也最易導致相互妒忌。

因此，在男性之間，作為女人的你不宜當眾品頭論足，說：「某某真能幹！」「某某真有錢！」尤其作為妻子，更不宜有所比較地奚落自己的丈夫：「你看人家阿強跟你同一年畢業，現在都升經理了，你還在這半死不活地耗著！」

就算再敦厚的人也會生出對他人的妒忌之心來，導致家庭、鄰里、同事之間關係的僵化和冷漠。學會淡化別人的妒忌心理，將有利於彼此減少敵意和隔閡，使人們成為優位者。

五、強調獲得優位的「艱苦歷程」以淡化妒忌

透過艱苦努力所取得的成果很少被人妒忌，如果我們處於優位確實是經過自己的艱苦努力得到的，那麼不妨將此「艱苦歷程」訴諸他人，加以強調以引人同情，減少妒忌。

比如，在朋友、同事還未買房的時候，你卻先買了。為了免受「紅眼」，你可以這麼說：「我買這房子可不容易。你們知道我節衣縮食積存了多少年嗎？整整八年啊！真是辛苦！我們夫妻倆薪水都不高，一塊一塊地存，連場電影都

捨不得看……」

聽了這些話，對方就很難產生妒忌之心。相反的，或許還會報以欽佩的讚歎和由衷的同情。

04 讓上司高你一個頭才會沒危險

為臣不可功高蓋主，除非你有野心、有實力取君王而代之。一般來說，偉大的人都喜歡有點愚鈍的人，記住這一點是不會錯的。任何上司都有獲得威信的需要，不希望下屬在能力上超過並取代自己，因此，在人事調動時，如果某個優秀、有實力的人被指派到自己手下，通常就會憂心忡忡，因為他擔心某一天對方會搶了自己的權位。相反的，若是派一位平庸無奇的人到自己手下，他便高枕無憂了。

因而，聰明的人總會想方設法掩飾自己的實力，以假裝的愚笨來反襯上司的高明，力圖以此獲得上司的青睞與賞識。當上司闡述某種觀點後，他會裝出恍然大悟的樣子，說自己太笨沒有上司反應快，並且帶頭叫好；當他對某項工作有了好的可行辦法後，不是直接闡發意見，而是在私下裡或用暗示等辦法及時告知上司，同時，再拋出與之相左的甚至有點「愚蠢」的意見。久而久之，儘管在同事中形象不佳，但上司卻倍加欣賞，對其情有獨鍾。

在更多的時候，上司更願意並提拔那些忠誠可靠但表現可能並不是那麼出眾的下屬，因為他認為這更有利於他的事業。同樣的道理，如果上司使用了不忠誠的下屬，這位下屬總是跟自己對著幹，或者「身在曹營心在漢」，那麼這位下屬的能力發揮得越充分，可能對上司的利益損害越大。只有傻子才願意引狼入室，也只有傻子才願意搬石頭砸自己的腳。

處理上司交辦的事情，一定要盡可能地爭取時間快速完成，而不要過分糾纏於辦事的細節和技巧。因為如果你把事情處理得過於圓滿而讓人挑不出一點毛病的話，那就顯示不出上司比你高明的地方。否則，當上司的就會感到有「功高蓋主」的危險。所以，善於處世的人，常常故意在明顯的地方留一點瑕疵，這樣一來，儘管你出人頭地，木秀於林，別人也不會對你敬而遠之，因為他一旦發現「原來你也有錯」的時候，反而會縮短與你之間的距離。

其實，適當地把自己安置得低一點，就等於把別人抬高了許多。當被人抬舉的時候，誰還有放置不下的敵意呢？要知道，只有對別人諄諄以教的時候，人的自尊與威信才能很恰當地表現出來，這個時候，他的虛榮心才能得到滿足。而那時，你的位子和前途才有保證。

上司交辦一件事，你辦得無可挑剔，似乎顯得比上司還高明。你的上司可能就會感到自身的地位岌岌可危，你的同事們可能會認為你愛表現、逞能。置身於這樣的氛圍，你會覺得輕鬆嗎？

如果換一種做法，對於上司交辦的事，你三兩下就處理完畢，他首先會對你旺盛的精力感到吃驚，效率高嘛。而因為快，你雖然完成了任務但不一定完美，這時上司會來指點一二，進而顯示他到底高你一籌。這就好比把主席台的中心位置給上司留著，單等著他來作「最高指示」。你完成工作，他贏得高興，何樂而不為呢？

笨拙一點，在上司面前才會沒有危險。適當的時候讓上司高你一籌，勝過你完成艱難的任務。

05 不要與上司爭榮耀

老闆一般都有個毛病：既然你是我的部下，那麼你所做的任何努力，他都視為自己的「努力」。

龔遂是漢宣帝時代一名賢良能幹的官吏。當時渤海一帶災害連年，百姓不堪忍受饑餓，紛紛聚眾造反，當地官員鎮壓無效，束手無策，宣帝派龔遂去任渤海太守。龔遂單車簡從去赴任，安撫百姓，與民休息，鼓勵農民墾田種桑，規定農家每口種一株榆樹，一百棵茭白，五十棵蔥，一畦韭菜，兩口母豬，五隻雞。對於那些心存戒備，依然持帶劍的人，他勸喻道：「幹嘛不把劍賣了去買頭牛？」經過幾年治理，渤海一帶社會安定，百姓安居樂業，溫飽有餘，龔遂名聲大振。

於是，漢宣帝召他還朝，他有一個屬吏王先生，請求隨他一同去長安，說：「我對你會有好處的。」

其他屬吏卻不同意，說：「這個人，一天到晚喝得醉醺醺的，又好說大話，還是別帶他去為好！」

龔遂說：「他想去就讓他去吧！」

到了長安後，這位王先生終日還是沉溺在醉鄉之中，也不見龔遂。可是有一天，當他聽說皇帝要召見龔遂時，便對看門人說：「去將我的主人叫到我的住處來，我有話要對他說！」一副醉漢狂徒的嘴臉，龔遂也不計較，還真來了。

王先生問：「天子如果問大人如何治理渤海，大人當如何回答？」

龔遂說：「我就說任用賢才，使人各盡其能，嚴格執法，賞罰分明。」

王先生連連搖頭道：「不好，不好！這麼說豈不是自誇其功嗎？請大人這麼回答：『這不是小臣的功勞，而是天子的神靈威武所感化！』」

龔遂接受了他的建議，按他的話回答了漢宣帝，宣帝果然十分高興，便將龔遂留在身邊，任以顯要而又輕閒的官職。

同樣是臣子，而韓信不是這樣，劉邦曾經問韓信：「你看我能帶多少兵？」

韓信說：「陛下帶兵最多也不能超過十萬。」

劉邦又問：「那麼你呢？」

韓信說：「我是多多益善。」

這樣的回答，劉邦怎能不耿耿於懷！韓信又怎會有好下場呢？

喜好虛榮，愛聽奉承話，這是人類天性的弱點，作為一個萬人注目的帝王更是如此。有功歸上，正是迎合這一點，因此是討好君上、固寵求榮屢試不爽的法寶。同樣的例子在法國也有。

財政大臣富凱為了博得路易十四的歡心，決定策劃一場前所未有的最壯觀的宴會他邀請了拉芳田、拉羅什富科和賽維尼夫人等當時歐洲最顯赫的貴族和最偉大的學者。著名劇作家莫里哀還為這次盛會寫了一部劇本，在晚宴時粉墨登場。

宴會非常奢華，有許多人從未嘗過的東方食物及其他創新食品。庭園和噴泉以及煙火和莫里哀的戲劇表演都讓嘉賓們興奮不已，他們一致認為這是自己參加過的最令人讚歎的宴會了。

然而出人意料的是，第二天一早，國王就逮捕了富凱。三個月後富凱被控竊占國家財富罪並進了監牢，他在單人囚房裡度過了人生最後的二十年。

路易十四傲慢自負，號稱「太陽王」，希望自己永遠是眾人注目的焦點，他怎能容許財政大臣搶佔自己的風頭呢？富凱本以為國王觀看了他精心安排的表演會感動於他的忠誠與奉獻，還能讓國玉明白他的高雅品味和受人民歡迎的程度，對他產生好感，進而會重用他。然而事與願違，每一個新穎壯觀的場面，每一位賓客給予的讚賞和微笑，都讓路易十四感覺富凱的魅力超過了自己，身為國王，卻不能讓朋友和子民為自己的風度和創意更加心悅誠服是一件很危險的事。

富凱萬萬沒想到這樣會觸犯國王的虛榮心。當然，路易十四不會向任何人承認這點的，他只是找了個藉口除掉這位令他感到不安的大臣。有「太陽王」之稱的路易十四怎麼會讓別人奪去他的光輝呢？富凱這些舉動讓國王感到不平衡，國王尚且沒有這樣的奢侈，財政部長怎麼能有呢？正如著名作家伏爾泰描述的那樣：「當夜幕開啟，富凱攀上了世界的頂峰。等到夜晚結束，他跌落了谷底。」

每個人都有不安全感，當你在世人面前展現自己，顯露才華時常常會激起各式各樣的怨恨和嫉妒。因此，對於那些居你之上的人，更應該採取不同的對應方式。如果想要獲得成功和領導人的賞識，搶奪老闆的風頭或許是最嚴重的錯誤。因此，永遠讓位居你上的人覺得他比你優越。如果你渴望取悅他們、令他們印象深刻，不要過分展現你的才華，否則，有可能達到相反的效果——激起他的畏懼和不安。

己不如人是一件令人惱恨的事情，一旦超過老闆，就可能引起他對你的怨恨，這是十分不利的事。不要總是自以為是，那樣只能為你帶來更多的麻煩，招惹老闆對自己有什麼好處呢？讓領導者在一切重大的事情上作決定吧，除非他把這種權力賦予了你。

同時，自以為優越總是讓人厭煩的，因此，對尋常的優點可以小心加以掩蓋不要過分顯露和招搖。大多數人對於運氣、性格和氣質方面被超過並不太在意，但卻沒有誰喜歡在智力上被人超過，領導人尤其如此。

06

受寵時要懂得拿捏分寸

美國人力資源管理學家科爾曼曾說過：「職員能否得到提升，很大程度不在於是否努力，而在於上司對你的賞識程度。」但是，一旦發現上司對你非常賞識，你也千萬不要以此為榮，不要以為自己萬事大吉，更不要因此驕傲蠻橫、目中無人。而是要學會把握好分寸，分寸把握不好，上司對你的賞識也就會慢慢變味。把握好分寸，上司才會更欣賞你。

愷娟最近在做一些小動物的書，也將這些小動物的生態情況等做一些介紹，讀者群是小朋友，要把原本那些科普味很濃的文字修改成兒童感興趣的文字。

上司對愷娟的工作非常滿意，他經常當著同事的面誇獎愷娟，說愷娟的感覺很好，很符合孩子們的心理特徵。愷娟第一次聽上司如此說的時候，心裡很高興，也很自豪，自己的付出得到肯定，自然很欣慰。但是，後來上司說得多了，愷娟就覺得不太妥當。覺得上司如此表揚自己事實上是否定了其他員工的工作，如此一來很容易被其他同事妒忌。最後，一旦將來工作沒有做好，上司會覺得自己沒有用心去做。於是愷娟決定找準時機來防止上司過多的讚揚。

有次在開會時，上司又表揚了愷娟。上司話音剛落之後，愷娟即站起來恰到好處地說：「經理，您對我滿意我很知足，但是我希望您也能明白，我的成績是在同事們的幫助下取得的，他們也有不可磨滅的功勞呀！同時，我也還在努力向您學習，如果將來我出現什麼差錯，也希望您和同事能耐心地指導我！」

面對上司的賞識一定要沉得住氣，因為那些賞識說出來可能會對你不利，而你要留意周圍的狀況，做出最理智的回應。

如果上司對你特別好，但你的工作表現又不是同事間最突出的，那你便要好好反省一下，看看上司偏愛你的原因是否有下列幾點：

- 上司是異性，而你自問魅力過人，故獲得優待。

・你忠厚過人，從不說謊，上司可從你口中得知其他下屬的表現。
・你重義氣，為報上司知遇之恩，願為他做工作以外的事。
・嘴甜舌滑，深懂奉承技巧，上司又是愛戴高帽的人。
・對上司完全沒有威脅，上司對你十分放心，故寵幸有加。

如以上原因皆不適用，只好說句「沒有緣分」了。不過，假如你是上述五大原因之一，請勿沾沾自喜，因為你的情況不會令人羨慕。

在第一項中，外貌、氣質雖然可吸引上司於一時，但難保有更突出的新人隨時出現，那時地位便難保了。如是第二項，那上司不是看重你，只是利用你做探子。一旦下屬出現不滿，他會犧牲你的利益。第三項，你不是公司的資產，只是上司的侍人，表面得寵，會被人視作狐假虎威的可憐蟲。第四項，是大部分人得寵的原因，但與第一項一樣，隨時有被取代的危險。第五項，前途只有片刻光明，一旦換了上司，庸碌的人必被淘汰。

不論你是哪一種，切忌恃寵生嬌。古語有云：「伴君如伴虎」。小心為甚。

07 適度表現是對自己的負責

飛揚是某地區人事局調配科一位相當得人緣的幹部，但在他剛到人事局的那段日子裡，幾乎在同事中是連一個朋友都沒有的，因為當時他正春風得意，對自己的機遇和才能很滿意，因此每天都使勁吹噓他在工作中的成績，炫耀每天有多少人請他幫忙，哪個人昨天又硬是給他送了禮等「得意事」，但同事們聽了之後不僅沒有人分享他的「成就」，而且還極不高興，後來是由當了多年長官的老父親一語點破，他才意識到自己不受大家歡迎的癥結點到底在哪裡。

無論與誰講話，都不忘了「表現」一下自己的出色，豈不知，他已經從正常的自我表現上升到炫耀了。這種暴露性的自我標榜，讓身邊許多人產生了排斥感和不快情緒。

在交往中，任何人都希望能得到別人的肯定性評價，都在不自覺地強烈維護著自己的形象和尊嚴，如果他的談話對手過分地顯示出高人一等的優越感，那麼，在無形之中是對他自尊和自信的一種挑戰與輕視，那種排斥心理乃至敵意也就不自覺地產生了。

在傳統中國人含蓄的視野裡，還時常對自我表現懷有偏見。有一些人那些積極表現自己的慾望存有偏見，以為那是「出風頭」，是不穩重、不成熟。所以不喜歡在大庭廣眾面前表現自己，僅滿足於埋頭苦幹、沒沒無聞。也有一些很有才華、見解的人，缺乏當眾展示自己的勇氣，遇事緊張膽怯，每每退避三舍。

自我表現更需要掌握分寸，不要動不動就孔雀開屏，張揚自我，那麼很容易激發別人羨慕和嫉妒的心態，不知不覺為自己樹立了敵人。

有很多善於自我表現的人常常既「表現」了自己，又未露聲色，他們與別人進行交談時多用「我們」而很少用「我」，因為後者給人以距離感，而前者則讓人覺得較親切。要知道「我們」代表著「他也參加的意味」，往往會讓人產生一種「參與感」，還會在不知不覺中把意見相異的人劃為同一立場，並按照自己的意向影響他人。

善於自我表現的人從來杜絕說話帶「嗯」、「哦」、「啊」等停頓的習慣，這些語贅可能被看做不願開誠佈公，也可能讓人覺得是一種敷衍、傲慢的態度，進而令人反感。

善於自我表現的人，從來也不會表現得特別優越。日常工作中不難發現這樣的同事，其人雖然思路敏捷、口若懸河，但一說話卻令人感到狂妄，因此別人很難接受他的任何觀點和建議。這種人多數都是因為喜歡表現自己，總想讓別人知道自己很有能力，處處想顯示自己的優越感，希望獲得他人的敬佩和認可，結果卻往往適得其反，失掉了在同事中的威信。我們提倡適度的自我表現，任何時候都表現重要性，如果真的表現自己的重要性，不如自然盡情地放縱自己，無拘無束，不需在任何地方、任何場合刻意偽裝自己，只要你表現得自然，就有無限的魅力，矯揉造作、見風使舵、媚上欺下地偽裝自己，會讓人討厭，反而讓你失去最美好的東西。

要想讓老闆注意你的成績，首先要明白老闆對你工作的要求，正所謂「好鋼要用在刀刃上」。仔細地想清楚老闆的要求，這樣會對你以後的職場之路有很大幫助。

如果你想在公司有所發展，消極等待與一味地默默工作都是不可取的，你可以正式和老闆面談，或定期發E-mail，向老闆彙報自己的工作進程及成果；還可以在會議中適當發言表述自己的工作成績。努力找機會讓老闆明白你的想法，知道你工作的結果，才是積極的做法。

08

喜歡獨吞功勞的人不可能受提拔

獨樂樂不如眾樂樂，蛋糕也要一起吃才香。從不佔有別人功勞這一點上，可以看出一個人的品質。優秀品質才是一個人成功的前提。

兩個釣魚高手一起到魚池垂釣。這兩人各憑本事，一展身手，沒隔多久工夫，皆大有收穫。忽然間，魚池附近來了十多名遊客。看到這兩位高手輕輕鬆鬆就把魚釣上來，不免感到幾分羨慕，於是就在附近去買了一些釣竿來試試自己的運氣如何。可是，這些不擅此道的遊客，怎麼釣也是毫無效果。

話說那兩位釣魚高手，兩人個性完全不同。其中一個孤僻而不愛搭理別人，單享獨釣之樂；而另一位高手，卻是個熱心、愛交朋友的人。愛交朋友的這位高手一看到遊客釣不到魚，就說：「這樣吧！我來教你們釣魚，如果你們學會了我傳授的訣竅而釣到一大堆魚時，每十尾就分給我一尾。不滿十尾就不必給我。」雙方一拍即合，欣然同意。教完這一群人，他又到另一群人中，同樣傳授釣魚術，也依然要求每釣十尾回饋給他一尾。

一天下來，這位熱心助人的釣魚高手，所有的時間都用於指導別人垂釣，獲得的竟是滿滿一大筐魚，還認識了很多新朋友，同時，左一聲「老師」，右一聲「老師」，備受尊崇。

另一方面，同來的另一位釣魚高手，卻沒有享受到這種服務人們的樂趣。當大家圍繞其同伴學釣魚時，那人更顯得孤單落寞。悶釣一整天，檢視竹簍裡的魚，收穫也遠沒有同伴的多。

有時候我們會相信自私一點也無妨，起碼自己不會吃虧，於是當公司有什麼好處時就愛往自己身上放，並不管其他同事的看法或處境。但日子久了，你會發現這種看似高明的手法，其實帶來的是無盡的悔恨，因為通常是損人也未利己。若功勞不是你的就不要去搶，甚至主要功勞是你的，也不能夠私自獨享。

要知道，公司是一個團隊，有了成果是大家的，每個人都在做貢獻，所謂「獨木難成林」說的也是這個道理。

在競爭激烈的工作環境中，有些人喜歡把別人的功勞占為己有。這樣的人，不去創造業績，而是偷偷地去佔有別人的功勞，到最後只能是既損人又不利己。

孫麗和知新兩個人在同一家公司上班，平時關係相處得很不錯。年終時，公司舉辦推廣企劃評比，每個人都可以拿企劃案出來，優勝者有獎。孫麗覺得這是一個好機會。經過半個月的深入調查，加上平時對市場工作的觀察思考，孫麗很快做出了一個非常出色的企劃案。

企劃案徵集截止日的最後一天，知新突然歎了一口氣說：「哎，孫麗，我還真有點緊張，心裡沒底啊。妳幫我看看，也好提提意見。」孫麗連想都沒想就答應了。

然而知新的企劃很一般，沒有什麼創意，孫麗看完也不好意思說什麼。知新用探究的目光盯著孫麗，說：「讓我看看妳的企劃案吧。」

孫麗心裡一陣懊悔，可自己剛才看了人家的，現在沒有理由不讓別人看。而且明天就要開會，她想改也來不及了。

第二天開會，知新因為資歷較久，按順序先發言。知新講述的企劃案跟孫麗的一模一樣，在講解時，他對老闆說：「很遺憾，我現在只能講述自己的口頭企劃，因為電腦染了病毒，檔案被毀了，我會儘快整理出書面資料。」

孫麗目瞪口呆，她沒想到知新竟然搶自己的功勞。她不敢把自己的企劃案交上去，也不敢申訴，因為她資歷淺，怕老闆不相信自己，只好傷心地離開了這家公司。

知新的企劃案獲得老闆的認可，不過因為企劃案不是他自己的，許多細節不清楚，在執行方案時出了漏洞又無法及時修正，結果失敗。後來老闆得知他是搶別人的企劃案，就馬上炒他魷魚了。

不是你的功勞，不要去搶，不管別人知道也好，不知道也好，搶別人的功勞總不是成功的捷徑。搶別人的功勞，真相大白時，你將無臉見人，不僅被搶者會成為你的敵人，而且還會失去他人對你的尊重。有本事自己去創造功勞，何必去做既害人又自毀前程的傻事呢！況且，就算沒有被人發現的那一天，你也會為此背負一輩子的愧疚，何苦為了一時自私，讓自己一生帶上污點？

身在職場，做人就要坦坦蕩蕩，不是自己的功勞，就不挖空心思去佔有，不搶功，不奪功，這樣的人不僅人際關係好，而且會永立於不敗之地。

一個研究所的副所長，他負責一個課題的研究，由於行政事務繁多，他沒有把全部精力放在課題的研究上。他的助手經過了辛勤努力把研究成果做了出來，這個課題得到了有關方面的認可，贏得了很大的榮譽。報紙、電視台的記者都爭相採訪那位所長，他都拒絕了，並對記者們說：「這項研究的成功是我助手的功勞，榮譽應該屬於他。」記者們聽了，為他的誠實和美德所感動，在報導助手的同時，還特別把所長坦蕩的胸懷和言語都寫了出來，使得這個所長也獲得了很好的評價和榮譽。

高明的上司從不佔有下屬的功勞，下屬有功，你的功勞自然也體現出來了。

09

每個人都希望別人是他的替補隊員

每個人可能都知道，在籃球、足球等團體項目中，雖然上場比賽的人數是固定的，但團隊中肯定不止這些人，每一個位置至少都有一個替補隊員，一旦有人因為傷病等原因導致無法上場，替補隊員就能發揮自己的作用，頂替主力隊員來完成比賽。

公司也是一個需要合力協作的團體，但與球隊不同，公司不可能為每一個職位都設置「替補隊員」，因為公司要考慮成本與收益，必須將人員控制在成本與收益之間的平衡點上。在這些公司——尤其是許多中小企業裡，基本上是

「一個蘿蔔一個坑」，沒有多餘的人員，也沒有替補的員工。這就往往導致一旦某個員工因故不到，公司的某項工作就無法順利開展，公司的利益就會受到影響。

解決這一個問題，無外乎兩個方法，一是招聘每個工作崗位上的「替補隊員」，一是讓員工身兼兩職或身兼數職。對於前者，招收員工意味著成本的增加，任何一個冷靜的老闆與明智的公司負責人都不會這麼做。因此，後者就成為唯一的選擇。

世界五百大企業都是採用第二種方法，這一點，在他們的員工培訓中得到良好體現。為了能夠在某位員工缺勤時仍能保證工作順利進行，每位員工都要接受其他崗位工作的普通培訓，以便應付一般的事務。

對於這項做法，一些員工非常不滿，認為公司是在壓榨每個員工的智慧與體力。其實，他們沒有意識到，這種做法收益最多的是員工自己。你在公司做一份工作卻學到了兩份工作的技術，這無疑增強了你的競爭力。

因此，優秀的員工都會積極地學習更多的知識，甘願當同事的「替補隊員」，當同事因故缺席時，主動承擔起他們的工作，為公司的運行負責，也為自己累積更多的工作經驗。

在同事眼裡，孝婷絕對是公司裡最勤快的新員工。在雀巢公司實習時，英語不好、又沒有經驗的她沒有固定職位，做的都是一些打雜的活，一旦某位同事不來，她就頂替他們的工作。這在崇尚競爭與獨立的外企白領看來是一件很沒面子的事，雖然公司是全球五百大企業之一，但也不必為了進入公司這麼「作踐」自己啊！

但無論同事怎麼看，孝婷依然積極地為每位同事打雜、跑腿、補缺。很快的，她就引起了經理的注意，經理覺得這個小女生是個可造之材，於是，在試用期結束後，給她安排了一份比較簡單但有固定職責的工作。

然而孝婷並沒有因此「安分」下來，她做事效率很高，總感覺工作不夠，有閒置時間，仍然替同事打打雜，要是有同事沒來，更是承擔起對方的全部工作。

第二年年底，該部門的副經理被總部調任到其他地區，副經理一職空缺，許多同事都瞄準這一空缺，但最終，升任副經理的卻是最「傻」的孝婷。有些老員工不服氣，對此，經理說：「我認為孝婷是最適合做這個副經理位子的。

我們部門的這個職位主抓流程控制，需要對每項工作都有瞭解，孝婷在短短一年中，就已經迅速掌握了每項工作的要領，這是你們其他人都不具備的，這就是我為什麼要提拔她為副經理的原因。」

孝婷的成功得益於她積極主動為同事補位的行為。透過努力，她在很短的時間內掌握了大量工作知識和技能，增強了自己的競爭力，也開啟了她的成功之門。有志於優秀、不甘於平庸的你，也必須時刻準備好做同事的「替補隊員」，相信很快就能成為晉升路上的「最佳候選人」。

10

你必須讓職場老前輩喜歡你

在工作中，與同事和上下級搞好關係十分重要，人際關係搞不好，工作就不好開展。有這樣一位職員，工作年限不長，但能力很強，深受上級賞識，很快被提升為部門主管。但是下屬中有位老職員，仗著自己資格老，以前有功勞，對他不服，讓他很難辦。遇到這種情況該怎麼辦呢？

要想改變這種境況，必須首先認清一點：職場中的「老前輩」對打通職場人脈網至關重要。每個人都自我感覺良好，認為自己並不比別人差，對別人不服氣是正常心理，尤其是那些業務上比較強，對公司有貢獻的老前輩們。所以，我們必須遵循一項準則，尊重老前輩的優點，承認他們的優勢，慢慢解開他們心裡的疙瘩。與這些老前輩們的關係處好了，必然對你拓展人脈大為有利。

戰國時候的廉頗和藺相如，就曾有這樣的矛盾，不過藺相如巧妙地將矛盾化解了，陰此為自己拓展了良好的仕途人脈關係。

藺相如本來是趙國一名宦官的門客，地位低下，因為偶然的機會才為趙王所知，趙王派他帶著和氏璧出使秦國，他不辱使命，出色完成了任務。從此以後，他接連被提拔，簡直比坐直升機還快。最後官拜上卿，名字排在廉頗之前。

這下廉頗很不服氣了，說：「我是趙國的將軍，有攻城野戰、保衛國家的汗馬功勞，可是藺相如僅僅靠耍嘴皮子立了一點功，他的爵位卻在我之上。況且，藺相如出身低微，他本來不過是太監總管手下的一個舍人。我跟一個出身低賤的人擔任同樣的職務，實在是感到恥辱，而且現在還要我當他的下手，這讓我簡直受不了。」他對外揚言：「我如果碰到藺相如，一定要羞辱他一番。」

藺相如聽到這些話後，總是避免和廉頗見面。每次上朝的時候，藺相如常常假託有病，不願和廉頗爭位次的先後。後來有一次藺相如外出，遠遠看見廉頗來了，藺相如立即把車子掉轉方向躲避，門客對此不解。

後來藺相如對自己的門客說：「其實我哪是怕廉將軍啊，我是為了國家著想啊。現在強秦之所以不敢發兵來攻打我們趙國，只是因為我和廉將軍兩人還活著。兩虎相鬥，必有一傷。我之所以忍辱退讓，是因為我首先考慮到的是國家的患難和安危，而把個人之間的仇怨擺在次要地位的緣故。」

這些話傳到廉頗的耳朵裡，廉頗畢竟是個正直的人，感到很慚愧，覺得自己的境界實在太低了，於是真誠地負荊請罪，兩人也終於和解。

藺相如雖然晉升飛快，甚至名字排在廉頗之前，但仍然十分尊重相對於自己是「老前輩」的廉頗，不與之爭，還對其功勞充分肯定。正是經由這種對「老前輩」的尊重，藺相如既贏得了廉頗的心，又使諸多旁觀者對自己刮目相看，進而進一步提升了自己的人脈「儲蓄額度」。

回到當今職場，新主管對待老的資深同仁，要以敬重、真誠的態度對待，比如，在聚會時，表示敬重之意，真誠地讚美他們為公司做出的貢獻。在工作中不懂的事要和他商量，不能因為對方職位不高或生性老實而有失敬意，這種人對公司上上下下很清楚，聽他講講公司的歷史，對新主管也是有益的。如此一來，年輕主管不但加深了對公司的瞭解，而且在老員工及眾人心中，也能留下好的印象。

如果你在晉升之前，和資深的前輩們搞好關係，表示出你對他的關心，在他需要幫助時，熱心支援，那麼，無論在你晉升的過程中，還是晉升後的工作中，他們都會給你很大的說明。當然，還有一點非常重要：你要加強自身業務素質，最好在業務上要強於他們，讓他們心中服氣，讓他明白你的晉升是靠實力，而不是靠關係爬上去的。

職場不NG

PART 4

職場不NG

職場不NG

賣弄聰明是最大的不幸

除了裝傻還得裝明白

01

太想露臉就會露屁股

職場中，到處可見這樣的人，他們銳氣旺盛，鋒芒畢露，不知道低調謙恭，處事不留餘地，待人則咄咄逼人，有十分的才能與智慧，就十二分地表現出來。他們往往有著充沛的精力、極高的熱情，也有一定的才能，但這種人卻往往在工作上屢遭波折。

一位本科畢業剛分配到某礦務局工作的大學生，剛進單位，就對單位這也看不慣，那也看不順眼，不到一個月，他就給單位主管打了一份洋洋萬言的意見書，上至單位上司的工作作風與方法，下至單位員工的福利，都一一列出了現存的問題與弊端，提出了周詳的改進意見。

但效果卻適得其反，他被單位的某些掌握實權的主管視為狂妄乃至神經病，單位主管不僅沒有採納他的意見，還借某些理由將他退回學校再作分配。兩年之內，他以同樣的情況，換了四個單位，而且總是後一個比前一個更不如意，他牢騷更甚，意見更多，卻也無可奈何。

那位大學生是鋒芒畢露者的典型，這類人在為人處世方面少了一根筋，以致屢屢在新的人際關係圈子中無法處理好包括上下級關係在內的各種關係，加上在工作上又不注意講究策略與方式，結果不僅沒有將個人的才能最大限度地發揮，還招來了種種誹謗影射、排擠打擊。隨著時光的流逝，這種人最後並沒有因鋒芒畢露而走向成功，卻在前進的路上屢受挫折，以致於被磨光了棱角，最後成為毫不起眼的「鈍器」。

很多人都認為，剛工作時一定要突出自己的能力，只有這樣才能坐穩自己的位置，因此，在工作時就得處處爭強好勝，把自己的能耐表現出來。殊不知，處處鋒芒畢露只能引起同事的反感，更得不到上司的垂青。

元昊在大學畢業後被分到一家研究所，從事標準化文獻的分類編目工作。

他認為自己是學這個專業的，自以為比原來那些同事懂得多。剛上班時，上司擺出一副「洗耳恭聽」的虛心姿態，這讓他受寵若驚。他決定無論如何不辜負上司對他的殷殷期望。

於是他冥思苦想，沒有幾天他便發表了不少意見，上司點頭稱是，同事們也不反駁，可是結果呢？不但沒有一點改變，他反倒成了一個處處惹人嫌的人。他空懷壯志，一年裡，上司都沒給他安排什麼具體工作。

後來，一位同情他的「阿姨」悄悄對他說：「我當初也跟你一樣，你還是換個單位吧，在這裡你別想有出息，因為你把所有的人都得罪了。」於是，一段時間後，他調走了。走時，上司拍著他的肩頭說：「太可惜了！我真不想讓你走，我還準備培養你當我的接班人哪！」元昊至今玩味不透「太可惜」三個字的意思是什麼，想來肯定含有「不該鋒芒畢露亂提意見」的意思了。

鋒芒畢露，過分外露自己的才華只會把自己暴露在彈火紛飛的壕溝外，同時飽受「明槍暗箭」的攻擊！所以，人在職場一定要懂得藏鋒入鞘，低調謙恭。

02

承認偉大就是自取其辱

「自滿者敗，自矜者愚」，這是因為自滿就會盛氣凌人，就會不求上進。真正成功的人都是極力做到虛懷若谷，謙恭自守。一個人成功的時候，還能保持清醒的頭腦，而不趾高氣揚，他往往會取得更大的成功。

佛蘭克林早年為自己的一點成就沾沾自喜，他那種過分自負的態度，讓別人看不順眼。有一天，一個朋友把他叫到一旁，勸告了他一番，這一番勸告改變了他的一生。

「佛蘭克林，像你這樣是不行的，」那個朋友說，「凡是別人與你的意見不同時，你總是表現出一副強硬而且自以為是的樣子。你這種態度令人覺得如此難堪，以致別人懶得再聽你的意見了。你的朋友們覺得不跟你在一起時，感覺還自在些。你好像無所不知無所不曉，別人對你無話可說了。的確，人人都懶得來跟你談話，因為他們費了許多力氣，卻覺得不愉快。以這種態度和別人交往，不去虛心聽取別人的見解，這樣對你自己根本沒有任何好處。你從別人那裡根本學不到一點東西，但是實際上你現在所知道的確很有限。」

佛蘭克林非常驚訝，他從未想過，自己過於自負的種種行為已經在別人心中留下了這麼差的印象。從此已後，他開始嚴格要求自己，把已經取得的成績丟到一旁，過去的事情不值一提。他需要別人的意見和建議，藉以完善和提高自己。事實證明，當他不再自負，虛心接受別人的意見時，他發現了自己的許多不足。過去，把自己看得非同凡響，是多麼愚蠢啊！

自負是種心理疾病，它絕對不能與自信劃等號。自信的人對自我價值有積極的認識，他們堅強樂觀，笑對生活中的挫折和坎坷；自負的人卻過高的估計自我，狂妄自大，從不懂適時的收斂，最終必將走向自我毀滅。

天地本就遼闊無涯，然而自負的人無法領悟宇宙的生生之機，自以為自己所通曉的就是整個的宇宙，乃至畫地自限，不免會覺得天地狹小，生活範圍緊囿。

「水滿則溢」，一個容器若裝滿了水，稍一晃動，水便溢了出來。自負的人心裡裝滿了自己過去的所謂「豐功偉績」，也就容納不了新知識、新經驗和別人的忠言了。長此以往，事業或者止步不前，或者猝然受挫。

不要自視過高，當你承認自己有多麼偉大的時候，也許在別人心中，你早就成了無知與淺薄的代名詞。你可能早已發現，誇大自己比正視自己容易多了，描述自己比改變自己容易多了。可是當你種下自負的種子，並任由它恣意成長的話，你就只能收穫失敗的苦果。

記住，無論何時，一旦出現那些自負的用語，你要馬上大聲糾正自己。把「那就是我」改成「那是以前的我」；把「我一向是這樣」改成「我要力求改變」；把「那是我的本性」改成「我以前認為那是我的本性」。任何妨礙成長的「我怎樣怎樣……」，均可改為「我選擇怎樣怎樣……」。不要做一個自負的困獸，衝出自製的樊籠，做一隻翱翔的飛鷹，那樣你才能知道天有多高。

列夫‧托爾斯泰也做了一個很有意義的比方：「一個人就好像是一個分數，

他的實際才能好比分子，而他對自己的估價好比分母，分母越大，則分數的值越小。」

因此，一個人不管自己有多豐富的知識，取得多大的成績，推而廣之，或是有了何等顯赫的地位，都要謙虛謹慎，不能自視過高。應心胸寬廣，博採眾長，不斷地豐富自己的知識，增強自己的本領，進而獲致更大的業績。如能這樣，則於己、於人、於社會都有益處。謙虛永遠是成大事者所具備的一種品質，而只有弱者才會為自己的成功自鳴得意。

自誇聰明的人，有如囚犯誇耀其囚室寬敞。一旦你感到了自己的偉大，那你就準備去迎接失敗吧，一個自負的人，最終只會讓自己的名字像水塘上的氣泡那樣一閃而逝了。

03 入其鄉就應該媚其俗

很多人有一種思維定式：非我族類，其心必異。對於行為與自己不同的人，人們普遍很難和他建立親近關係。其實，聰明的人都懂得「入鄉隨俗」，低下「高貴」的頭，入鄉隨俗，就能拉近主客間的距離，什麼事都好辦了。當然，這裡的「俗」並非簡單地指風俗習慣和群體心理，還包括實實在在的利益。不管客人對入鄉隨俗感到多麼無奈，都要這麼辦，因為這可以為自己帶來意想不到的收益。

石油大王哈默的經營史中最成功的一次是在利比亞。無論是對哈默本人，還是西方石油公司的三萬名職員及公司的三十五萬名左右股東來說，一提起這件事，他們都會讚歎不已。當哈默的西方石油公司來到利比亞的時候，正值利比亞政府準備進行第二輪出讓租借地的談判。出租的地區大部分都是原先一些大公司放棄的利比亞租借地。根據利比亞法律，石油公司應儘快開發他們租得的租借地，如果開採不到石油，就必須把一部分租借地歸還給利比亞政府。

第二輪談判中，就包括已經打出若干孔「乾井」的土地，也有若干塊與產油區相鄰的沙漠地。來自九個國家的四十多家公司參加了這次競標。

有些參加競標的公司，他們的情況顯然比空架子也強不了多少，他們希望拿到租地之後，再轉手給另一家資金實力雄厚的公司，以交換一部分生產出來的石油；另有一些公司，其中包括西方石油公司，雖然財力不足，但至少具有經營石油工業的經驗。

利比亞政府允許一些規模較小的公司參加競標，因為他們首先要避免的是遭受大石油公司和大財團的控制，其次才會去考慮什麼資金有限的問題。

哈默儘管曾於一九六一年受甘迺迪總統的委託到過利比亞，並與伊德里斯國王建立了私人關係，且伊德里斯一世在托布魯克王宮的一次歡迎會上，真誠地對哈默說：「真主派您來到了利比亞！」這比別人稍稍有利，但在第二輪租借地的爭奪戰中，與一批資金雄厚的大公司相比，哈默無異於小巫見大巫，只不過是一名討價還價的商人而已。

此刻，在灼熱的利比亞，跟那些一舉手就可以把他推翻的石油巨頭們進行競爭，同時還要分析估量那些自稱可以讓國王言聽計從的大言不慚中間商們所說的話到底有多少真實性，對哈默來說處境的確很不利。

但哈默絕對不會因此而氣餒，善罷干休不是他的作風。他明白，為了能在第二輪租借地的談判中挫敗實力雄厚的競爭對手，只能巧取，不能豪奪，而惟一可行的方案就是暗中向利比亞政府申請：如果西方石油公司能得到租借地，將給予政府更多好處，同時也請利比亞政府給予西方石油公司比其他競爭對手更優惠的條件。

哈默在隨後的投標上，用了與眾不同的方式：他的投標書採用羊皮證件的形式，捲成一卷後，用代表利比亞國旗顏色的紅、綠、黑三色緞帶紮束。在投標書的正文中，哈默加上一條，西方石油公司願從尚未扣除稅款的毛利中取出百分之五供利比亞發展農業之用。此外，投標書還允諾在庫夫拉圖附近的沙漠綠洲中尋找水源，而庫夫拉圖恰巧就是國王和王后的誕生地，國王父親的陵墓也坐落在那裡。掛在招標委員會鼻子前面的還有一根「胡蘿蔔」，就是西方石油公司將進行一項可行性研究，一旦在利比亞採出石油，該公司將與利比亞政府聯合興建一座製氨廠。

一九六六年三月，哈默的計劃果然成功，同時得到兩塊租借地，其中一塊四周都產油的油井，本來有十七個企業投標競爭這塊土地，且多是實力雄厚的知名公司，結果個個名落孫山，惟有西方石油公司獨佔鰲頭；另一塊地也有七個企業投標，但最終還是歸在了西方石油公司名下。

這第二輪談判招標的結果讓那些顯赫一時的競爭者大為吃驚，不明其所以然，深深為哈默高超的談判手段、技巧而嘆服。奪得這兩塊租借地後，西方石油公司憑著獨特有效的經營管理，使之成為其財富的源泉。

一九六七年四月，西方石油公司的黑色金子流到了海邊，在那個令人難忘的紀念日，僅規模宏大的慶典就用掉整整一百萬美元之多。投標書的精心設計、百分之五的毛利沒有投資利比業農業、在國王誕生地找水、同利比亞政府聯合建製氨廠，樣樣合其「俗」。西方石油公司作為一個小企業能中標，這些「媚俗」的條件功不可沒。

英國友尼利福公司在非洲東海岸早就設有大規模的友那蒂特子公司，那裡有豐富的肥料，並適合於栽培食用油原料落花生，是友尼利福公司的一塊寶地，也是其主要財源之一。第二次世界大戰結束後，隨著非洲民族獨立運動的興起和發展，友尼利福這些肥沃的落花生栽培地一塊塊地被非洲國家沒收，這讓該公司面臨極大的危機。

針對這種形勢，柯爾對非洲子公司發出了六項指令：第一，非洲各地所有友那蒂特公司系統的首席經理人員，迅速啟用非洲人；第二，取消黑人與白人的工資差異，實行同工同酬；第三，在尼日利亞設立經營幹部養成所，培養非洲人幹部；第四，採取互相受益的政策；第五，以逐步尋求生存之道；第六，不可拘束體面問題，應以創造最大利益為要務。

柯爾在與加納政府的交涉中，為了表示尊重對方的利益，主動把自己的栽培地提供給加納政府，因此獲得加納政府的好感。後來，為了報答他，加納指定友尼利福公司為加納政府食用油原料買賣的代理人，這使得柯爾在加納獨佔專利權。

在與幾內亞政府的交涉中，柯爾表示將自行撤走公司，他的這種坦誠的態度反而讓幾內亞受到感動，因而允許柯爾的公司留在幾內亞。在同其他幾個國家的交涉中，柯爾也都採用了退讓政策，因此讓公司平安地渡過了難關。

友尼利福的每一項行動都是迫不得已的，都是在向昔日的「僕役」下跪。但他們隨了新形勢下「僕役」們的「俗」，保住了產業。

入鄉隨俗是不被多數「高貴」者注意的事情，很多時候也叫一些人不痛快，所以一般不會有人去做。如果你能做到，很可能會獲得豐厚回報。

04 太狂妄就會招致非議

世事總有風雲突變的時候。世事詭譎，風波乍起，非人所盡能目睹。聰明的人會主張立身唯謹，避嫌疑，遠禍端，凡事預留退路，不思進，先思退。滿則自損，貴則自抑，所以能善保其身。

滅吳之後，越王勾踐與齊、晉等諸侯會盟於徐州（今山東滕縣南）。當時，越軍橫行於江、淮，諸侯都來朝賀，號稱霸主，成為春秋、戰國之交爭雄於天下的佼佼者。范蠡也因謀劃大功，官封上將軍。

滅吳歸來，越國君臣設宴慶功。群臣皆樂，勾踐卻面無喜色。範蠡察此微末，立識大端。他想：越王為爭國土，不惜群臣之死；而今如願以償，便不想歸功臣下。常言道：大名之下，難以久安。現已與越王深謀二十餘年，既然功成事遂，不如趁此急流勇退。想到這裡，他毅然向勾踐告辭，請求隱退。

勾踐面對此請，不由得浮想翩翩，過了好一會兒才說道：「先生若留在我身邊，我將與您共分越國，倘若不遵我言，則將身死名裂，妻子為戮！」政治頭腦十分清醒的范蠡，對於宦海得失、世態炎涼，自然品味得格外透徹，明知「共分越國」純屬虛語，不敢對此心存奢望。於是，他一語雙關地說：「君行其法，我行其意。」

事後，范蠡不辭而別，帶領家屬與家奴，駕扁舟，泛東海，來到齊國。范蠡自己跳出了是非之地，又想到風雨同舟的同僚文種曾有知遇之恩，遂投書一封，勸說道：「飛鳥盡，良弓藏；狡兔死，走狗烹。越王為人，長頸鳥喙，可與共患難，不可與共榮樂，先生何不速速出走？」

文種見書，如夢初醒，便假託有病，不復上朝理政。不料，樊籠業已備下，再不容他展翅起飛。不久，有人乘機誣告文種圖謀作亂。勾踐不問青紅皂白，賜予文種一劍，說道：「先生教我伐吳七術，我僅用其三就已滅吳，其四深藏先生胸中。先生請去追隨先王，試行餘法吧！」要他去向埋入荒塚的先王試法，分明就是賜死。再看越王所賜之劍，就是當年吳王命伍子胥自殺的「屬鏤」劍。文種一腔孤憤難以言表，無可奈何，只得引劍自刎。

在中國歷史上，這一類的例子舉不勝舉。「飛鳥盡，良弓藏；狡兔死，走狗烹；敵國滅，謀臣亡」。聽起來讓人義憤填膺，道理卻很簡單。在和平建設時期，那些功臣怎麼處理呢？留著他們，說不定什麼時候就要造反，或是出別的麻煩，尤其是開國皇帝死了，幼子繼位，就更管不了那些久經沙場、素有威望又極有勢力的老將了，還是殺了乾淨省事。

「狡兔死，走狗烹」之喻，用老百姓的話來說，就是卸磨殺驢。真正聰明的人懂得「可以共患難，不可共富貴」的道理，功成身退，得以保全自己，范蠡、張良就是如此。

張良所以能成為千古良輔，被謀臣推崇備至，不僅在於他能運籌帷幄，決勝千里，輔佐劉邦創立西漢王朝，還在於他能因時制宜，適可而止，最後，既完成了預期的事業，又在那充滿悲劇的時代保存了自己。一言以蔽之，功成名就以身全退。在秦漢之際的謀臣中，他比陳平思慮深沉，比蒯徹積極務實，比範增氣度寬宏。他與蕭何、韓信，並稱漢初三傑，卻未像蕭何那樣遭受鋃鐺入獄的凌辱，也未像韓信那樣落得兔死狗烹的下場。自從劉邦擊敗項羽，天下初定，張良便託詞多病，閉門不出，屏居修練養身之術。

漢元年（西元前二〇一年）正月，漢高祖剖符行封。因張良一直隨從劃策，特從優厚，讓他自擇齊地三萬戶。張良只選了萬戶左右的留縣。他曾說道：「今以三寸舌為帝者師，封萬戶，位列侯，此布衣之極，於良足矣。願棄人間事，欲從赤松子（傳說中的仙人）游耳。」他看到帝業建成後君臣之間「難處」，欲從「虛詭」逃脫現實，以退讓來避免重複歷史的悲劇。

的確如此，隨著劉邦皇位的漸次穩固，張良逐步從「帝者師」退居「帝者賓」的地位，遵循著可有可無、時進時止的處世準則。在漢初翦滅異姓王侯的殘酷鬥爭中，張良極少參贊謀劃。在西漢皇室的明爭暗鬥中，張良也恪守「疏不間親」的遺訓。張良堪稱「功成身退」的典型。而不懂功成身退道理的，往往死得很慘，文種、韓信恰是如此。

功成身退是否一定要棄世隱居呢？其實不是如此。所謂「大隱隱於市」，功成身退並不等於在一切事業上都不能再有作為。如範蠡棄官後隱居於商業中心陶，他善於經商，竟至「三致千金」，被尊稱為「陶朱公」，出入車馬，與小國國君平起坐，至今被天下商人奉為老祖宗。

所以說，做人處世不可太露、太狂妄，太顯自己的才能，這樣會招人非議，受人誣陷，蒙受不白之冤。避免的方法就是明哲保身，凡事謙讓，克己、友好地與人相處，懂得尊重別人，在人前要適度表現，不可張揚。在這方面古人已經為我們做出了榜樣，提供了教訓。

05

裝得可憐就能贏得可憐

一次，一家報紙上登載了一封讀者來信，大致內容是：有一位老太婆從鄉下來到都市，對行人說道：「我丈夫收入微薄，所以我雖然一大把年紀，還不得不出來賺錢補貼家用。」說著即伸出她那枯乾的手指頭，一直要求行人買她的盆景。有人出手買下了她的全部盆景。次日到附近的花店，發現他昨天從老太婆手裡買下的一模一樣的盆景，價格卻比花店裡貴五倍。」

人人心底裡都有扶助弱小的情感，儒家稱之為「惻隱之心」。在世道複雜、道德滑坡的時代，人們的惻隱之心往往不易外露。這樣，一些人想把大家的惻隱之心激發出來並表之以行動，於是裝得非常之可憐。不論這種裝可憐的目的好還是壞，它都可稱為一個潛的智慧。

在大城市街頭，乞丐是一大風景。他們當中大部分的人還是因為生活實在難以為繼或亟需幫助才被迫行乞的，但也有一些則把行乞當成了致富手段，為個別地方群眾的集體「職業」。「來這裡找親戚，沒找到。實在是餓了，給點錢我買個饅頭吧。」「裝可憐」在乞討中當然可以贏得別人可憐而獲利，只不過這是小兒科罷了。拉下臉皮裝可憐者，有時竟能贏來君位呢。

魯文公六年（西元前六二一年），晉國國君晉襄公死了，太子夷皋年齡很小，少不更事，朝內一片混亂，諸大臣各有主張，都希望立一個對自己有利的人為國君。他們各自保薦的公子，有的是已受他們控制，即位後他們就可號令全國；有的是公子很信任他們，登上君位後必定重用他們。

在這些臣子中，有兩個人勢力最為強大，競爭最為激烈，互相排斥，互相攻擊，都希望擊敗對方而立自己舉薦之人。趙盾想立襄公的弟弟公子雍，而賈季則想立襄公的另一個弟弟公子樂。當時兩公子都不在晉國，必須從國外把他們接回來。趙、賈的競爭開始在迎君方面展開。賈季派人去陳國接公子樂回晉，他比趙盾的動作還快。

眼看公子樂接近晉國疆域，趙盾豈能善罷干休。他立即派人悄悄地跟上公子樂回晉的隊伍，在半路把公子樂截殺。公子樂死了，趙盾從容不迫地派人前往秦國去迎接公子雍回晉。為了安全起見，秦國派軍隊護送公子雍上路。

公子樂已死，賈季知道自己大勢已去，也就無心再與趙盾爭權。此時形勢，公子雍似乎已坐定晉國君位無疑。眼看各大臣趁襄公駕崩之際紛紛爭權奪利，擁立自己一派的公子，國內局勢大亂，襄公夫人穆嬴作為一個婦人，也無計可施。

只是看著年幼的太子就要失去繼承君位的權利，而且很有可能遭受暗算，而自己一個婦道人家，沒有什麼手段可以控制群臣，那該怎麼辦呢？她覺得自己應該為先君和太子做點什麼，但是也只能使出哀兵之計，力圖以柔克剛。事實上在當時的情勢下，以他們幼兒寡母的力量恐怕也別無他法可想。

每次群臣朝會議事，穆嬴就抱著小太子在朝堂痛哭，說：「先君到底在哪一點上有過失？年幼的太子有什麼罪？太子雖然還小，但總也還是先君親自冊立的，難道誰說廢就可以廢嗎？廢掉嫡嗣而去從外面迎立新君，你們把太子放在哪裡？你們不怕壞了祖制？你們眼裡還有先祖還有君王嗎？先君啊，今日我們孤兒寡母任人欺凌，你就不能睜睜眼顯顯靈？」

她往往掩面長泣，太子年幼，見母后傷心流涕，雖不明白怎麼回事，卻也看得傷心，也就在一旁跟著放聲大哭。說到傷心處，母子抱成一團，泣聲如訴，場面甚是淒涼感人。群臣即使不以為然，也不免有些心酸，次數多了竟也開始逐漸地有了作賊心虛的感覺。

穆嬴還經常在散朝後抱著太子去趙盾家裡，以情動之，說：「先君倚重您，臨終之前抱著這個孩子把他託付於你。先君的殷殷叮囑，無盡信賴，擔心而又滿懷希望的目光，妾身都還清清楚楚地記得，您難道就忘了嗎？先君擔心太子年幼，但因為您那麼懇切地答應照顧太子，他也就放心地去了。而今您卻要廢黜太子，您難道不想一想先君對您的厚待和重託嗎？丈夫豈可不忠君？丈夫豈可不守信？百年之後，您打算如何去見先君呢？而且，太子何辜啊！」

趙盾一面於情不忍，一面擔心這樣下去會鬧得人心惶惶，國內將不得安寧，而且會讓自己失去人心，自己擁立的新君也將失去人心，那樣豈不是得不償失。於是他與群臣商議，派軍隊去攔截秦國護送公子雍的軍隊，不讓公子雍進入晉境，仍然立太子夷皋為君，就是晉靈公。穆嬴可謂是裝可憐而得天下者。

其實，裝可憐這一招對於許多人來說，在一個家庭中，一個團隊也是適用的。只是裝可憐的人必須要處在弱勢地位，這樣加上「裝」的技術，就可以激發出別人的惻隱之心，贏得可憐。如果處在強勢地位的人去裝可憐，則只會讓人感到噁心。

06

什麼時候也不要把別人比下去

嫉賢妒才，幾乎是人的本性。願意別人比自己強的人並不多。所以有才能的人會遭受更多的不幸和磨難。曹植鋒芒畢露，終招禍殃。文名滿天下，卻給他帶來了災禍，這難道是他的初衷嗎？他只是不知道收斂罷了。

南朝劉宋王僧虔，東晉王導的孫子。宋文帝時官為太子庶子，武帝時為尚書令。年紀很輕的時候，僧虔就以擅長書法聞名。宋文帝看到他寫在白扇子上面的字，讚歎道：「不僅字超過了王獻之，風度氣質也超過了他。」當時，宋孝武帝想以書名聞天下，僧虔便不敢露自己的真跡。大明年間，曾把字寫得很差，因此而平安無事。

人的處世，在文場中，中國歷來有文人相輕的陋俗，名氣一大，流言便會滿天飛，若稍有不慎，必將惹下大禍。在名利場中，要防止盛極而衰的災禍，必須牢記「持盈履滿，君子兢兢」的教誡。「欹器以滿覆，撲滿以空全」，這是世人常用的一句自警語。欹器是古人裝水的一種巧器，呈漏斗狀，水裝了一半它很穩固，但裝滿了，它就會傾倒。撲滿是盛錢的陶罐，它只有空空如也，才能避免為取其錢而被打破的命運。

英國十九世紀的政治家查士德斐爾爵士曾對他的兒子作過這樣的教導：「要比別人聰明，但不要告訴人家你比他更聰明。」蘇格拉底也在雅典一再地告誡他的門徒：「你只知道一件事，就是你一無所知。」

無論你採取什麼方式反映出別人的錯誤：一個蔑視的眼神，一種不滿的腔調，一個不耐煩的手勢，都有可能帶來難堪的後果。你以為他會同意你所指出的嗎？絕對不會！因為你否定了他的智慧和判斷力，打擊了他的榮耀和自尊心，同時還傷害了他的感情。他非但不會改變自己的看法，還會進行反擊，這時，你即使搬出所有柏拉圖或康得的邏輯也無濟於事。

永遠不要說這樣的話：「看著吧！你會知道誰是誰非的。」這等於說：「我會讓你改變看法，我比你更聰明。」——這實際上是一種挑戰，在你還沒有開始證明對方的錯誤之前，他已經準備迎戰了。為什麼要給自己增加困難呢？

一位年輕的紐約律師，他參加了一個重要案子的辯論。這個案子牽涉到一大筆錢和一項重要的法律問題。在辯論中，一位最高法院的法官對年輕的律師說：「海事法追訴期限是六年，對嗎？」

律師愣了一下，看看法官然後率直地說：「不。庭長，海事法沒有追訴期限。」這位律師後來說：「當時，法庭內立刻靜默下來。似乎連氣溫也降到了冰點。雖然我是對的，他錯了；我也如實地指了出來。但他卻沒有因此而高興，反而臉色鐵青，令人望而生畏。儘管法律站在我這邊，但我卻鑄成了一個大錯，居然當眾指出一位聲望卓著，學識豐富的人的錯誤。顯得我比那位法官更博學多才，而這是一般人都無法接受的。

當你把別人比下去，就給了別人嫉妒你的理由，為自己培養了敵人。所以，在與人逞強之前請先三思。當然了，如果你確實有真才實學，又有很大的抱負和理想，不甘於停留在一般和平庸的階層。那麼，你可以放開手腳大幹一場，但有一點，你必須注意時刻提防周遭的嫉妒。要想讓自己免遭嫉妒者的傷害，你需要注意自己的言行，儘量不要刺激對方的嫉妒心理。對於你周圍的「嫉妒」者，可迴避而不宜刺激。同事的嫉妒之心就像馬蜂窩一樣，一旦捅它一下，就會招致不必要的麻煩。

既然嫉妒是一種不可理喻的低層次情緒，就沒必要去計較你長我短、你是我非，更不必針鋒相對，非弄個「水落石出」、「青紅皂白」不可。須知，這不是學術討論，更不是法庭對峙，你的對手不會用「邏輯」、「情理」或「法律依據」與你爭鋒的。

嫉妒之人本來就沒有與你處在同一層次上，因而任何「據理力爭」都只會使你吃虧，不僅降低層次，還浪費時間，虛擲精力。最佳應對方式是胸懷坦蕩、從容大度。對出於嫉妒的種種「雕蟲小技」，完全可以視若不見、充耳不聞，以更為出色的成績來證實所受的認可是完全公正的。

但怎樣才能做到既不刺激對方的嫉妒心理，又努力做出被大家公認的成績呢?最有效的辦法就是巧妙地示弱。

關於這種方法，帕金森先生在《管理藝術精粹》中說過：「大多數組織在結構上像一座金字塔，當一個人向金字塔頂端爬上去的時候，重要的崗位越來越少。因此，一個新近被提升的管理者，一定要特別謹慎小心。首先，他從前的大多數同事深信自己應該得到這個職位，並且為自己沒有得到它而不快。但特別重要的是：一個被提升的管理者必須想盡辦法表現出謙遜和不盛氣凌人，他一定不能忘記他從前的共事者。」

如果不懂得這個道理，將會引來許多麻煩。這是一位大學副校長任職以後，因嫉妒而生出的鬧劇。

這位校長原來是一位普通教師，在三十幾年的教學工作和生活中，與許多「難兄難弟」往來甚密。一年，學校班級調整時，有關部門任命他當了副校長。上台以後，他對可能因此而來的嫉妒沒有足夠的認識，對曾經同自己朝夕相處的同事們頤指氣使、呼來喚去、動輒訓斥。沒有多久，就招來一片責難。

一天，他正在召開學校中層幹部會議，突然，門被猛然推開，進來一位「難弟」大聲喊道：你真夠意思！剛扔下要飯棍，就打『叫花子』（指要飯的人）！」全場為之騷動，這讓他十分尷尬。這位副校長之所以遭遇尷尬的局面，就是因為他在高升之後不但不照顧過去的「難兄難弟」，而且還深深地刺激了對方的嫉妒心，可以說他在事業上是「小有成就」，但在人際關係上卻很失敗。他從一名普通的教師一躍成為副校長，這種事已經令那些心懷嫉妒的同事憤怒不已了，而他又過分地顯示自己、壓制別人，最終的結果當然是不歡而散了。

07 知止是一種人生大智慧

對有智慧的人說智慧，對愚蠢的人說愚蠢，用愚蠢來掩飾智慧，用智慧來停止智計，這是真正的智慧。

漢武帝晚年時，宮中發生了誣陷太子的冤案。當時，太子的孫子剛剛生下幾個月，也遭株連被關在獄中。丙吉在參與審理此案時，心知太子蒙冤，他幾次為此陳情，都被武帝呵斥。他於是在獄中挑選了一個女囚負責撫養皇曾孫，自己也對其多加照顧。

丙吉的朋友生怕他為此遭禍，多次勸他不要惹火燒身，並且說：「太子一案，是皇上欽定，我們避之尚且不及，你何苦對他的孫子優待有加？此事傳揚出去，人們只怕會懷疑你是太子的同黨了，這是聰明人做的事嗎？」

丙吉臉現慘色，卻堅定地說：「做人不能處處講究心機，不念仁德。皇曾孫只是個娃娃，他有什麼罪？我這是看到不忍心才有的平常之舉，縱使惹上禍患，我也顧不得了。」

後來武帝生病臥床，聽到傳言說長安獄中有天子之氣，於是下令將長安的罪囚一律處死。使臣連夜趕到皇曾孫所在的牢獄，丙吉卻不放使臣進入，他氣憤道：「無辜者尚不致死，何況皇上的曾孫呢？我不會讓人們這樣做的。」

使臣不料此節，後勸他道：「這是皇上旨意，你抗旨不遵，豈不是自尋死路？你太愚蠢了。」丙吉誓死抗拒使臣，他決然說：「我非無智之人，這樣做只為保全皇上的名聲和皇曾孫的性命。事急如此，我若稍有私心，大錯就無法挽回了。」

使臣回報漢武帝，漢武帝長久無聲，後長歎說：「這也許是天意吧。」他沒有追究丙吉的事，反而因此對處理戾太子事件有了不少悔意。他下詔大赦天下罪人，丙吉所管的犯人都得以倖存。

多年之後皇曾孫劉詢當了皇帝，是為宣帝。丙吉絕口不提先前他對宣帝的恩德。知曉此情的他的家人曾對他說：「你對皇上有恩，若是當面告知皇上，你的官位必會升遷。這是別人做夢都想得到的好事，你怎麼能閉口不說呢？」

丙吉微微一笑，歎息說：「身為臣子，本該如此，我有幸回報皇恩一二，若是以此買寵求榮，豈是君子所為？此等心思，我向來絕不慮之。」後來宣帝從別人口中知曉丙吉的恩情，大為感動，夜不能寐，敬重之下，他封丙吉為博陽侯，食邑一千三百戶。

神爵三年，丙吉出任丞相。在任上，他崇尚寬大，性喜辭讓，有人獲罪或失職，只要不是大的過失，他只是讓人休假了事，從不嚴辦，有人責怪他縱容失察，他卻回答說：「查辦屬官，不該由我出面。若是三公只在此糾纏不休，親歷親為，我認為是羞恥的事。何況容人乃大，一旦事事計較，動輒嚴辦，也就有違大義了。」

丙吉性情溫和，從不顯智耀能，不知情者以為他軟弱好欺，並無真才實學，他也從不放在心上，也不會因此改變心意。

一次，丙吉在巡視途中見有人群毆，許多人死傷在地，丙吉問也不問，只顧前行。看見有牛伸舌粗喘，他竟上前仔細察看，很是關心。他的屬官大惑不解，以為他不識大體，丙吉解釋說：「智慧不能亂用亂施，否則就無所謂智慧了。懲治狂徒，確保境內平安，那是地方長官之事，我又何必插手親自管理？現在正是初春，牛口喘粗氣，當為氣節失調，如此百姓生計必定會受到傷害，這是關係天下安危的事，我怎能漠視不理？看似小事，其實是大事，身為宰相，只有抓住要領，才能不失其職。」

丙吉的屬官恍然大悟，深為嘆服。那些誤解丙吉的人更是自愧不已，暗自責備自己的淺薄和無知。

故事給我們的深刻啟示是要知止。止的含義是有著深刻的內涵的。作為一種大智慧，它絕不是簡單的停止無為。它是一招因時而變、出奇制勝的妙法，也是深合事理、退中求進的處世哲學。對於只知冒進、急功近利者，止的運用就尤顯珍貴。

縱觀無數失敗者的癥結，他們所共缺的不是智慧，就能說明這一點。一個人只要到了能克制智慧，潛藏智慧，進而慎使智計的境界，他的智慧才是最無缺的，才能在任何形勢下應對自如，屹立不倒。

08 明虧暗勝，公司最喜歡這種博弈

常言說得好：「吃虧便是福」。虧己者讓人覺得他有肚量有涵養，能夠讓人對他肅然起敬。這樣虧己者就能夠獲得大家的尊重，其人際關係自然比別人好。當他遇到困難時，別人也樂於向他伸出援助之手；當他創事業時，別人也會給予他幫助和支援，他的事業成功機會自然就高。

有位哲人說過：「一個人心胸有多大，他做成的事業就有多大。」毋庸置疑，能夠虧己者多為無欲則剛、心胸坦蕩之人，他們比起一般的人更能闖出一番事業來。

下面這位公關部經理的所作所為，就是最好的證明嗎？

某市一家合資公司全年取得不錯的經營業績，為了犒賞大家，在公司除夕舉行的年終宴會上，公司董事會給每位中層以上管理幹部，每人分發了一隻從澳洲進口的名貴鮮活大鮑魚，作為大家過年家宴上一道佳餚。可是這鮮活的鮑魚有大有小，有肥有瘦，如何分給大家才算公平成為一件麻煩的事情。這也讓負責分發鮑魚的人事部經理一時犯難了，不知如何是好。

正當他束手無策的時候，公關部經理走上前來，說：「這些鮑魚很好分的。」說完，他就從中撿出一隻又小又瘦的鮑魚，回到座位上去了。在場的其他人也紛紛仿效他的做法，每個人都挑又小又瘦的鮑魚拿，沒一會兒這些鮑魚就順利分發完畢了。

這位帶頭拿鮑魚的公關部經理從此贏得公司管理層的尊敬，也得到了公司董事會的器重，不久就被提拔為總經理助理。

這位公關部經理挑了一隻小的鮑魚，表面上看是吃了虧，但結果卻受到上司的賞識，獲得了提拔，這種虧難道吃的不值得嗎！再說那也只不過是一隻鮑魚而已，即使不吃又何妨。

再看看我們身邊那些斤斤計較的同事，眼裡揉不進一粒沙子，挑肥揀瘦，工資少了，三節費沒了……每天為了一點小事牢騷滿腹，結果呢，同事漸漸疏遠了你，上司也覺得你不堪重任，你自己越來越孤立無援了。遊刃職場我們，一定要懂得「吃的虧中虧，方為人上人」的道理。

紅頂商人胡雪巖，以前只是一個不起眼的小買賣人，但他有頭腦，有策略，能吃虧，他變賣家產，無償資助王有齡，在王有齡發達後，親自來登門致謝，胡雪巖卻不提任何要求。

在我們看來，胡雪巖很「傻」，但也正是這種「傻」，這種以虧為盈的策略，讓胡雪巖不僅交了友，還得了利。

以吃虧來交友，以吃虧來得利，是一種比較高明和有遠見的辦事技巧。作為職場人，我們也要吃的下虧，但一定要講究方式和技巧。虧不能亂吃，有的人為了息事寧人，去吃虧，吃暗虧，結果只是「啞巴吃黃連，有苦說不出」。

孫權就是這樣，為了得到荊州，假意讓自己的妹妹嫁給劉備，結果在諸葛亮的巧妙安排下，孫權不僅賠了妹妹，而且還折了兵。荊州還是在劉備手中，孫權這個虧未免吃得太不值得。所以，虧要吃在明處，至少你該讓對方意識到。

總之，為了整體目標，為了整體利益，我們要敢於吃小虧，善於吃小虧，真正做到表面上吃虧，暗地裡得利。

09 交際高手的常用招式：故意遺留瑕疵

有時，人們要學會適當地犯一點無傷大雅的小錯誤，不要在同事、上司前顯得過於完美，如說上級派你去辦一件事情，在事情還沒有辦完之前，你就不能打包票說一切都沒有問題，即便真是沒有一點問題，你也要向上級說中間有一點點的小問題，在過程當中還是會遇到一點困難等等，否組，上級肯定會認為你在吹牛，降低你對他的信任度。人不是上帝，都不完美，都會犯一些錯誤。為了不斷地完善自己，你必須給人批評你的機會。

安德列耶維奇・法沃爾斯基是前蘇聯現代藝術家和寫生畫家，被譽為「蘇聯人民藝術家」。他是現代木刻藝術學校的創始人，曾做過建造紀念碑的建築和劇院美術指導。

法沃爾斯基作品的特點是含義雋永、形象鮮明，在木刻藝術上更是鬼斧神工，於一九六二年被授予列寧獎金。然而，每當法沃爾斯基給一本書畫完插圖後，他總是在其中一幅畫的角上不倫不類地畫上一隻狗。毫無疑問，美術編輯一定要他把狗去掉，然而法沃爾斯基卻固執己見，非要保留這隻狗。

當爭論達到白熱化的程度，法沃爾斯基就做出了讓步，把畫面上的狗塗掉。到這個地步，一般來說，美術編輯的憤怒就煙消雲散了，絕不會再提出什麼挑剔的要求。因為編輯的自尊心得到了維護，也就心滿意足了：編輯的任務無非是修改一下作品。但更滿意的是法沃爾斯基本人，他的巧計成功了——畫將以他所擬定的形式出版。如果沒有那條作為誘餌的狗，編輯說不定會要在畫上改什麼呢！

其實，在與他人相處時，適當地把自己安置得低一點，就等於把別人抬高了許多。當被人抬舉的時候，誰還有放置不下的敵意呢？既然人不是上帝，那麼適當地犯點小錯，相信人人都能夠諒解。並且，你的這些小錯誤也給了別人自尊心上的滿足，這樣，別會才不會因為嫉妒而攻擊你。表面上看來，犯錯是不好的，實際上卻是給自己搭了一個獲得好人緣的梯子。所以，在與同事，上司相處時，我們不妨恰當的暴露一下自己的缺點，在明顯的地方留一點點瑕疵。

10 大多數公司不會怪罪裝傻的員工

真正看一個人是傻還是不傻，不能只限於眼前的利益，而要以長遠的發展眼光來評斷。

日本某公司與美國某公司進行一次重要的技術協作談判。談判伊始，美方首席代表便拿出各種技術資料、談判專案、開銷費用等，滔滔不絕地發表本公司的意見，完全沒有顧及到日本公司代表的反應。實際上，日本公司代表一言不發，只是在仔細地聽、認真地記。

美方講了幾個小時之後，終於想起要徵詢一下日本公司代表的意見。不料，日本公司的代表似乎已被美方咄咄逼人的氣勢所懾服，顯得迷迷糊糊，混沌無知，只會反覆地說「我們不明白」，「我們沒做好準備」，「我們事先也沒有技術資料」，「請給我們一些時間回去準備一下」。第一輪談判就在這不明不白中結束了。

幾個月以後，第二輪談判開始。日本公司似乎認為上次的談判團不稱職，所以予以全部更換。新的談判團來到美國，美方只得重述第一輪談判的內容。不料結果竟與第一輪談判一模一樣，日本公司又以再研究為名，毫無成效地結束了談判。

經過兩輪談判後，日本公司又如法炮製了第三輪談判。在第三輪談判不明不白地結束時，美國公司的老闆不禁大為惱火，認為日本人在這個項目上沒有誠意，輕視本公司的技術和基礎，於是下了最後通牒：如果半年後日本公司依然如此，兩公司間的協定將被迫取消。隨後，美國公司解散了談判團，封閉了所有資料，坐等半年後的最終談判。

出人意料的是，僅僅過了八天，日本公司即派出由前幾批談判團的首要人物組成的談判團隊飛抵美國。美國公司在驚愕之中只好倉促上陣，匆忙將原來的談判成員從各地找回來，再一次坐到談判桌前。

這次談判，日本人一反常態，他們帶來了大量可靠的資料，對技術、合作分配、人員、物品等一切有關事項甚至所有細節，都做了精細策劃，並將精美的協議書擬定稿交給美方代表簽字。

美國人傻眼了，但一時又找不出任何漏洞，最後只得勉強簽字。不用說，由日本人擬定的協議對日方公司極為有利。

在美日的談判較量中，日本人巧妙裝傻，用智慧獲得了最終的勝利。其實作為一種謀略，裝傻不僅能在商場上取得出奇制勝的效果，還能在關鍵時刻讓人逢凶化吉，轉危為安。可是在我們身邊，很多人都害怕自己被人看低，怕自己表現不好被人看不起，所以即使自己不是很明白，也裝作很精明的樣子。其實，這樣的人常常會因為自作聰明而吃大虧。

聰明的人從來不會讓人看出他的聰明，他會利用自己的那股「傻氣」讓別人低估他的實力，進而獲得最大的利益。所以，傻與不傻，並不在於我們表現得是不是精明，而在於我們會不會裝傻。

在職場中，表面上看起來很傻的人，往往是最精明的，因為他們懂得裝傻，懂得在危難處保護自己，懂得在選擇中讓自己獲得最大利益。而那些看起來精明、事事為自己算計的人，常常得不償失。

11 揣著明白裝糊塗，連公司都會暗自讚賞

常言道：「難得糊塗」。縱觀中國歷史，很多帝王將相，大有作為的人都像是一個會裝糊塗的人。

裝糊塗是一門高超的處世藝術、收買人心的策略，身在職場，尤其是處於管理層的人員就要懂得運用這一方法，如員工在某一件小事情上做錯了，你就應該原諒他，包容他，給他留個面子，那麼這個員工會很感動，會對企業更忠誠。相反的，如果你過分批評和懲罰員工，他們反而會為自己的過失找藉口。所以，一個成功的管理人員應該做到大事認真，小事糊塗，不與下屬斤斤計較。

其實不光是領導人，作為一個普通的員工，我們也需要適時裝糊塗，如前面所說，老闆忘記把資料放到了哪裡，我們不需要為自己辯解，裝下糊塗，就說自己記不清了，然後再重新拿一份來，不就完事大吉了；有時候，同事挨了處分，面子上過不去，我們就不要去安慰，裝作不知道，反而會更好；一個問題，明明你是對的，但同事說錯了，我們不要去說破，裝裝糊塗，在同事知道了正確的答案後，心裡會比誰都清楚，無形中你們的關係也會被拉近，等等，這樣的糊塗難道我們不值得裝嗎！

然而，在現代的職場中，我們常常會看到一些為了小利而斤斤計較的人，他們總是精於算計，可是到最後沒有獲得大的利益不說，還讓周圍的人感到厭煩。其實，很多事情並不是你善於計較就能夠成為最大的受益者的，有時候揣著明白裝糊塗才是運營的最佳手段。

12

人在「傻」處才能更明智

王先生是一位業餘作家，近年來作品頻頻見諸於各大刊物，具有一定的影響。在一次文學座談會上，一位青年作家大談對小說的看法，否定傳統，強調新觀念，引起了王先生的強烈不滿。心直口快的他絲毫不隱瞞自己的觀點，在會上慷慨激昂地進行反駁，以他扎實的理論、淵博的學識說得那位青年作家面紅耳赤，無地自容。

這次會議王先生話是說了，導致的結果卻是那位青年作家後來在一家報紙上大肆對他進行批判，甚至帶有人身攻擊的意味。一時間搞得沸沸揚揚，輿論對王先生十分不利。

對此他既難以進行解釋，又無法進行駁斥，報紙的覆蓋面那麼大，他去對誰說呢？通常的情況又是「解釋誤會更被誤會」。能解釋得清楚嗎？

其實，這樣的結局對王先生來說是完全可以避免的。辦法很簡單，王先生在座談會上完全可以裝一裝糊塗，他說他的，不必爭論，也不用反駁他。創作是一種完全自主的個人行為，他寫他的，你寫你的；他用他的方法，你用你的技巧，有什麼好爭的。況且，理論上的事，本來就不是那麼簡單就能夠弄明白的。你糊塗一些不就行了，不就避免了後來發生的事嗎？

所以說，裝傻是必要的。有些事太明白了，未必是件好事、未必對自己有利。你可能真的是比別人聰明，但要記住永遠不要在別人面前說：「我比你更聰明。」

你喜歡「潑冷水」的工作。每當別人興沖沖地跑來告訴你喜訊的時候，你都會不屑一顧地說：「這又沒什麼，人人都可以做到這些，只不過你的運氣好而已。」

你認為他們所取得的成就遠遠不如你，他們在你面前別想露出得意洋洋的神色。你到處傳播這種想法，別人取得的成績，成為了你嘲笑的對象。這種不尊重別人的行為，嚴重傷害了別人的自尊心，而且也影響了他的聲譽，你這樣做並不能抬高自己，也不可能得到別人的尊重。

正確的做法是當別人在某方面發揮了自己的特長，取得了成就時，你應該誠摯地向他表示祝賀。即使他不在你的面前，你也要對他做出客觀、公正的評價。如果你不瞭解真實的情況，你可以閉口不談。但貶低他人的能力和成就是他人不能容忍的，會引發不必要的衝突，最終的結果必然是你被別人指責，陷入孤立無援的境地。

芸欣看中了一件衣服，那衣服的花色、式樣她都很喜歡，也許是看出了她的心思，老闆開價很高，談了半天也沒有把價錢講下來，最後，芸欣實在捨不得放棄那件心儀的衣服，只得一咬牙，把它買了下來。

回到辦公室，一位喜歡斤斤計較的同事問了價錢，芸欣如實相告，同事一聽，馬上大聲說：「這麼貴？妳被老闆宰慘了，花那麼多錢買這樣一件衣服。」

芸欣知道她說的是實話，但還是為自己辯解道：「雖然衣服貴了一點，可是很適合我，有時花錢買的衣服自己不喜歡，還不是穿兩天就扔了。」

此時，旁邊的另一位同事稱讚說：「妳穿上這件衣服真好看，人也顯得年輕了許多，雖然貴了一點，但是值得，難得碰上這麼適合自己的款式，換成是我，我也會買的。」

兩個人對芸欣說的話，哪個會被接受自然不言而喻。

許多人都有這樣的經歷，當我們錯了的時候，也許會對自己承認。但是如果別人在那指手劃腳地批評自己的愚蠢，就不是每個人所能接受的了。因此，要想在職場中立於不敗之地，就要記住，千萬不要說自己比別人聰明。

人們可以接受外貌、身高上的差距，但卻很少能接受智力上的差距。你也許經常能聽到這樣的話：「難道他比別人更聰明嗎？只不過是機遇比別人好而已！」或者說：「人與人能差多少？」

不要顯得比別人聰明，別人就沒有了要防禦你的理由。實際上，大多數人都會特別注意他人的弱點。如果你把自己裝扮成一個完美的人，他人心中一會築起更堅固的防禦工事，這對你是有百害而無一利的。

不但不能顯得比別人聰明，有時你還要學會裝傻。工作和生活中常常有人捕風捉影，有意或無意地製造並傳播謠言、一些非正式的小道消息，結果導致不必要的誤會，嚴重地損害人際關係，甚至對當事人造成極大的精神傷害。在這種辦公環境下，就需要你辨別是非，學會裝傻。

裝傻的方法靈活多變。「心照不宣」是一種高級裝傻法，只要管住了自己的嘴，抑制住自己想表現的慾望即可。如果被人當面提及，則可顧左右而言它。實在逼急了，就說不知道。有時候會有像小偷被人當場按住拿著贓物的手的感覺，這有什麼，只要你雙眼無辜地望著對方，保證他會懷疑是自己判斷失誤。

還有一種裝傻法是被動裝傻，也叫被迫裝傻。那是因為此事關係重大，到處有陷阱，一個不小心，就會掉下去，只得裝傻。

有時候想從你這裡探聽情報的人反而可能掌握比你更多的情況，只不過是為了瞭解更多的事實或核實一下罷了。這時，你只有裝得「更傻」。

如果反過來，你想從探聽者那裡獲得情報，就更得學會裝傻。只要多用反問句和疑問句，「是嗎？」「真的？」同時，充滿鼓勵地望著對方，他可能就忍不住將所知道（或道聽塗說）的消息向你傾倒得一乾二淨。

上一任主管跳槽走人，關於誰接任的問題同事們皆議論紛紛，而你本人沒有接受任何正式的談話，那些日子你有點像熱鍋上的螞蟻。後來，經理助理問你：「什麼時候請客呀？老兄，就要榮升了。」

「別拿我開心了，你要發聘書給我呀？」

這傢伙竟得意地說：「這次，你的聘書還真有可能是我發給你。」然後他會將公司在人事改組上的考慮和前任對你的推薦猛侃一番。

在一些喜歡賣弄自己的人面前裝裝傻，有百利而無一害。可惜的是，現在的人個個極欲表現自己的小聰明，惟恐別人說傻。

當然，除了裝傻，有時還得裝明白。

市場部的主管問你：「聽說從下個月起，公司的銷售獎金又要調整了？」

如果你說：「沒聽說過。」則顯得你消息不靈，更不會是上司的親信，那是真傻了。

這時，你應該問：「怎麼，反應很大嗎？還沒有最後決定的事已經傳得這樣厲害，真是靈通人士。」

這時候，裝傻其實是裝明白，是一種心理戰術。

13 保持低調，謙虛待人

任何事物都有看不透和不可料的一面，所以唯有謹慎處世，避嫌疑，遠禍端；未思進，先思退，方能自保。特別是功成名就之後，更應該夾起尾巴做人，才能夠獨善其身。

唐肅宗上元二年（西元七六一年），郭子儀爵封汾陽王，王府建在長安的親仁里。令人不解的是，汾陽王府自落成後，每天都是府門大開，任憑人們自由進出，郭子儀不准府中人干涉，與別處官宅府第門禁森嚴的情況截然不同。

有一天，郭子儀帳下的一名將官要調到外地任職，特意前來王府辭行。他知道郭子儀府中百無禁忌，就一直走進了內宅。恰巧，他看見郭子儀的夫人和他的愛女兩人正在梳洗打扮，而王爺郭子儀正在一旁侍奉她們，她們一會兒要郭子儀遞手巾，一會兒要他去端水，使喚郭子儀就好像使喚奴僕一樣。

這位將官當時真是驚訝萬分，回去後，不免要把這情景講給他的家人聽。於是一傳十，十傳百，沒幾天，整個京城的人們都把這件事當做笑話來談論。

郭子儀聽了倒沒有什麼，他的幾個兒子聽了卻覺得太丟王爺的面子，大唐堂堂將軍竟如此不顧自己體面，以致遺人笑柄，郭家臉面何在！他們決定對父親提出建議。

他們相約一齊來找父親，要他下令，像別的王府一樣，戒備森嚴，閒雜人等一律不准入內。郭子儀聽了哈哈一笑，幾個兒子哭著跪下來求他，一個兒子說：「父王您功業顯赫，普天下的人都尊敬您，可是您自己卻不尊重自己，不管什麼人，您都讓他們隨意進入內宅。孩兒們認為，即使商朝的賢相伊尹、漢朝的大將霍光也無法做到您這樣。」

郭子儀長歎了一聲，語重心長地說：「我如今爵封汾陽王，作為人臣，已是一人之下萬人之上了。往前走，再沒有更大的富貴可求。你們現在還太年輕，只看到我們郭家的顯赫聲勢，卻不知這顯赫背後已是危機四伏。月盈則虧，盛極而衰，按理我應急流勇退才是萬全之策，可如今朝廷要用我，皇上怎麼會讓我解甲歸田，退隱山林？再者，我們郭家上上下下有一千餘口人，到哪兒去找能容納這麼多人的隱居地？在這進退兩難的境況中，如果我再將府門緊閉，與外界隔閡，如果與我有仇怨的人誣告我們對朝廷不忠，則必然會引起皇上的猜忌；若再有妒賢嫉能之輩添油加醋，落井下石，則我們郭家一門九族就性命不保，死無葬身之地了。」

幾個兒子聽了郭子儀的話，恍然大悟，無不佩服父親的先見之明。郭子儀就是靠著這種大智若愚的糊塗為官之道，而達到明哲保身，進而避免或減少了皇帝與權臣對他的猜忌，成功地在唐玄宗、肅宗、代宗、德宗四朝中長期任職，安享富貴。

身為四朝重臣的郭子儀可謂是功高蓋世，可是他明白「聰明聖知，守之以愚；功被天下，守之以讓；勇力撫世，守之以怯」的道理，並身體力行，方能全身而終，蔭及子孫，澤被後代。不爭一時之榮辱，不爭一事之勝負，郭子儀明白產生災禍的原因，知道該如何消災免禍，用謙謹的作風，確保全家安樂。

人們若能像郭子儀那樣時刻謙卑謹慎的狀態，禍患自然不會產生。所以，未雨綢繆，防患於未然是很有必要的。過於堅硬的，容易折斷，過於潔白的，則容易被污染。驕兵必敗，驕將必失，同樣的，一個人在自己的事業達到頂峰時，更需要牢記忌盈之理，以警惕自己的失敗。

凡想做一些大事情的人，無論在什麼時候，都不要忘記以下四條忠告，而爭取改掉這四種缺點：其一，妄自尊大；其二，盛氣凌人；其三，好大喜功；其四，趾高氣揚。這四點不過是人類的劣根性中的幾種表現而已，它們都超出了謙卑，而走向人類之美德的反面。人們犯了其中任何一條，都會帶來或大或小的損失。

切記，當一個人走在傲慢與謙卑之間的那條窄窄的小道時，必須保持低調，謙虛待人。

不做第一，只做唯一

最具魅力的職場特質

業不是
善機構，

「鐵飯碗」早已成為了傳說。

為了適應市場競爭並贏得競爭，它必須時刻保持著驚人的動力。

在職場上，如果你不是老闆，

那麼對你而言最重要的事情不是工作，而是將自己變得不可替代。

這是你存在於組織之內、獲得提升和較高薪水的唯一基礎。

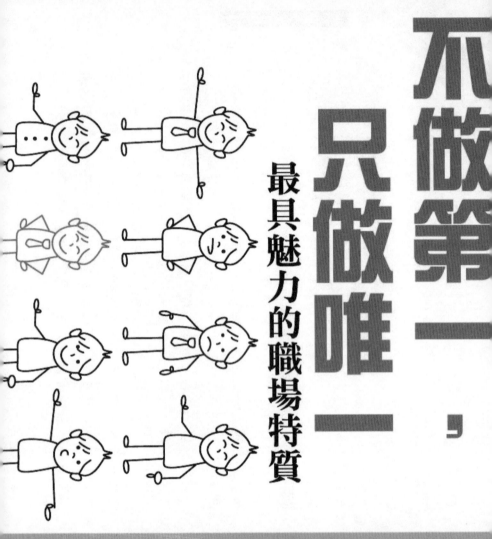

職場潛規則：

這些公司不會告訴你的事

吳崇安　編著

Q 有沒有既高薪又高興的職業呢？　**沒有！**

因為天下沒有白吃的午餐，
老闆不會把一份輕鬆快樂收入又高的工作無端地奉送給他的員工。

要想獲得高薪或者理想職位，別無選擇，
你只有使自己裝滿被老闆認為有價值的「商品」，並且願意先付出後再追求回報。

高官不如高薪
高薪不如高壽
高壽不如高興

▶ 職場不NG：除了裝傻，還得裝明白 （讀品讀者回函卡）

■ 謝謝您購買這本書，請詳細填寫本卡各欄後寄回，我們每月將抽選一百名回函讀者寄出精美禮物，並享有生日當月購書優惠！
想知道更多更即時的消息，請搜尋"永續圖書粉絲團"

■ 您也可以使用傳真或是掃描圖檔寄回公司信箱，謝謝。
傳真電話：（02）8647-3660　　信箱：yungjiuh@ms45.hinet.net

◆ 姓名：＿＿＿＿＿＿＿＿＿＿　□男 □女　□單身 □已婚

◆ 生日：＿＿＿＿＿＿＿＿＿＿　□非會員　□已是會員

◆ E-mail：＿＿＿＿＿＿＿＿＿＿　電話：(　)＿＿＿＿＿

◆ 地址：＿＿＿＿＿＿＿＿＿＿＿＿＿＿＿＿＿＿＿＿

◆ 學歷：□高中以下　□專科或大學　□研究所以上　□其他＿＿＿＿

◆ 職業：□學生　□資訊　□製造　□行銷　□服務　□金融
□傳播　□公教　□軍警　□自由　□家管　□其他＿＿＿＿

◆ 閱讀嗜好：□兩性　□心理　□勵志　□傳記　□文學　□健康
□財經　□企管　□行銷　□休閒　□小說　□其他

◆ 您平均一年購書：□ 5本以下　□ 6～10本　□ 11～20本
□21～30本以下　□ 30本以上

◆ 購買此書的金額：＿＿＿＿＿＿

◆ 購自：□連鎖書店　□一般書局　□量販店　□超商　□書展
□郵購　□網路訂購　□其他

◆ 您購買此書的原因：□書名　□作者　□內容　□封面
□版面設計　□其他

◆ 建議改進：□內容　□封面　□版面設計　□其他＿＿＿＿＿

您的建議：

廣 告 回 信
基隆郵局登記證
基隆廣字第 55 號

2 2 1-0 3

新北市汐止區大同路三段 194 號 9 樓之 1

讀品文化事業有限公司 收

電話/(02)8647-3663　　傳真/(02)8647-3660

劃撥帳號/18669219　　永續圖書有限公司

請沿此虛線對折免貼郵票或以傳真、掃描方式寄回本公司，謝謝！

讀好書品嚐人生的美味

職場不NG：除了裝傻，還得裝明白

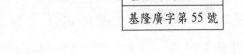